iLike就业3ds Max 2010

中文版多功能教材

王　征　李晓波　等编著

電子工業出版社

Publishing House of Electronics Industry

北京 · BEIJING

内 容 简 介

本书围绕3ds Max 2010讲解界面操作，二维建模、三维建模与高级建模技巧，材质应用方式及高级材质的设置技巧，重点讲解了各类贴图技术，如高光贴图、凸凹贴图、反射贴图、透视贴图等，还讲解了灯光与摄像机的应用技巧，最后讲解了动画制作、渲染输出、大气环境等。本书按照用户循序渐进、由浅入深的学习习惯，内容起点低，操作上手快，内容全面完整，并且通过具体的实例讲解每个实用知识点。

本书可供各种层次的大中专院校学生、三维动画爱好者、建筑绘图人员以及建筑设计师参考，尤其适合中等职业学校、大专院校及各种3ds Max培训班作为教材使用。

图书在版编目（CIP）数据

iLike就业3ds Max 2010中文版多功能教材/王征，李晓波等编著.—北京：电子工业出版社，2010.4
ISBN 978-7-121-10545-6

Ⅰ．i…　Ⅱ．①王…　②李…　Ⅲ．三维—动画—图形软件，3ds Max 2010—教材　Ⅳ．TP391.41

中国版本图书馆CIP数据核字（2010）第046955号

责任编辑：李红玉
印　　刷：北京天竺颖华印刷厂
装　　订：三河市鑫金马印装有限公司
出版发行：电子工业出版社
　　　　　北京市海淀区万寿路173信箱　邮编：100036
　　　　　北京市海淀区翠微东里甲2号　邮编：100036
开　　本：787×1092 1/16　印张：17.5　字数：448千字
印　　次：2010年4月第1次印刷
定　　价：34.00元

凡所购买电子工业出版社图书有缺损问题，请向购买书店调换。若书店售缺，请与本社发行部联系，联系及邮购电话：（010）88254888。
质量投诉请发邮件至zlts@phei.com.cn，盗版侵权举报请发邮件至dbqq@phei.com.cn。
服务热线：（010）88258888。

前　言

　　3ds Max是著名的Autodesk公司麾下的Discreet多媒体分部开发的三维影视制作软件，目前广泛应用于3D模型、影视动画、建筑等领域，是一切引人入胜的游戏、电视、动画电影等视觉产品的最佳制作工具之一。3ds Max为数字艺术家提供了下一代游戏开发、可视化设计以及电影电视视觉特效制作的强大工具。

　　3ds Max 2010非常注重提升软件的核心表现，并且提高了工作流程的效率。该版本对新的64位技术做了特别的优化，同时提升了核心动画和渲染工具的功能，能够给艺术家带来比先前版本更多的帮助。对共享资源更为紧凑的控制，对工程资源的跟踪和对工作流程的个性化设置都使得整个创作更加快速。

　　本书围绕3ds Max 2010讲解界面操作、二维建模、三维建模与高级建模技巧、材质应用方式及高级材质的设置技巧；重点讲解了各类贴图技术，如高光贴图、凸凹贴图、反射贴图、透视贴图等；还讲解了灯光与摄像机的应用技巧；最后讲解了动画制作、渲染输出、大气环境等。并且每个知识点都通过精心挑选的实例来讲解剖析，使读者在学习后，就能够结合实际，快速、高效、灵活地设计出作品来。

　　本书在每课的具体内容上也进行了十分科学的安排。首先介绍知识结构，其次列出对应课业的就业达标要求，然后紧跟具体内容，为读者的学习提供了非常明确的信息与步骤安排。

本书结构

　　本书共有10课，具体内容如下：
- 第1课讲解3ds Max基础知识及其界面、文件及常用快捷键。
- 第2课～第5课讲解3ds Max强大的建模功能，如二维、三维及高级建模。
- 第6课和第7课讲解3ds Max强大的材质和贴图功能。
- 第8课讲解3ds Max的灯光和摄像机的应用技巧。
- 第9课讲解3ds Max强大的动画制作功能。
- 第10课讲解3ds Max的大气环境和渲染输出功能。

本书特色

　　本书的特色归纳如下：
- 面向就业，充分体现出就业的特点。
- 实例和知识讲解以实用为目的。
- 结构和体例保持一致。

·每课内容量与培训班课时几乎一致，适合课堂学习。

读者对象

本书可供各种层次的大中专院校学生、三维动画爱好者、建筑绘图人员以及建筑设计师参考，尤其适合中等职业学校、大专院校及各种3ds Max培训班作为教材使用。

以下人员对本书的编写提出过宝贵意见并参与了本书的部分资料搜集工作，他们是孙宁、王荣芳、李德路、李岩、周科峰、陈勇、高云、于凯、王春玲、李永杰、韩亚男，同时感谢北京美迪亚电子信息有限公司的各位老师，谢谢你们的帮助和指导。

由于编写时间仓促，加之水平有限，书中的疏漏和不足之处在所难免，敬请读者批评指正。

为方便读者阅读，若需要本书配套资料，请登录"北京美迪亚电子信息有限公司"（http://www.medias.com.cn），在"资料下载"页面进行下载。

目　　录

3ds Max 2010快速入门

本课知识结构及就业达标要求

本课知识结构具体如下：

· 3ds Max 2010概述
· 标题栏、菜单栏、工具栏和命令面板
· 视图区、信息提示区、动画控制区和视图控制区
· 文件的基本操作
· 常用快捷键

本课首先讲解3ds Max基础知识和工作界面，然后讲解文件的基本操作和常用快捷键。通过本课的学习，了解3ds Max基本操作，为后面内容的学习打下基础。

1.1 3ds Max 2010概述

著名的Autodesk公司麾下的Discreet多媒体分部的重头产品、备受业界关注的三维视效制作软件——3ds Max，目前是世界上使用范围最广泛的3D模型、动画、渲染软件之一，是一切引人入胜的游戏、电视、动画电影等视觉产品的最佳制作工具之一。

3ds Max 2010非常注重提升软件的核心表现，并且加强了工作流程的效率。该版本对新的64位技术做了特别的优化，同时提升了核心动画和渲染工具的功能，能够给艺术家带来比先前版本更多的帮助。对共享资源更为紧凑的控制，对工程资源的跟踪和对工作流程的个性化设置都使得整个创作更加快速。

1.2 3ds Max界面简介

双击桌面上的 图标或单击"开始→程序→Autodesk→Autodesk 3ds Max 2010 32-bit→Autodesk 3ds Max 2010 32-bit"命令，打开3ds Max 2010程序，如图1-1所示。

3ds Max工作界面共由8个部分组成，分别是标题栏、菜单栏、工具栏、命令面板、视图区、信息提示区、动画控制区、视图控制区。

1.2.1 标题栏和菜单栏

标题栏的主要作用是显示3ds Max当前编辑的图形名称。利用标题栏可以移动窗口在屏幕上的位置，在标题栏上双击，就可以还原或最大化窗口。

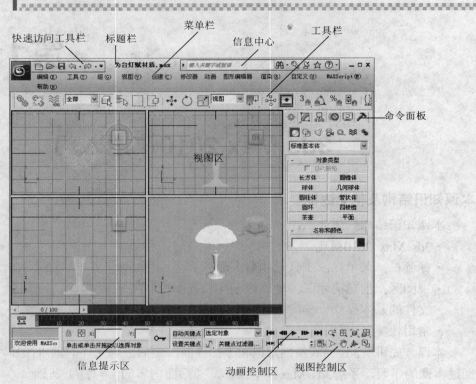

图1-1   3ds Max 2010程序

在标题栏上有一个快速访问工具栏和信息中心。利用快速工具栏可以快速实现新建、打开、保存、放弃、重做、显示或隐藏菜单。利用信息中心可以实现快速搜索、订阅、通讯、收藏和帮助功能。

菜单栏位于标题栏下方，包含13个不同的菜单项，每一个菜单项都对应一个下拉菜单，使用下拉菜单中的命令可以完成绝大部分操作。下面介绍一下各菜单项的基本作用。

（1）"文件"菜单："文件"菜单被图标⊙代替，单击其下拉按钮，就可以看到相应的菜单命令。该菜单用于文件的打开、存储、打印，输入和输出不同格式的其他三维存档格式，以及动画的摘要信息、参数变量等。

（2）"编辑"菜单：用于对象的复制、删除、选定、临时保存等。

（3）"工具"菜单：包括常用的各种制作工具。

（4）"组"菜单：将多个物体组合为一个组，或分解一个组为多个物体。

（5）"视图"菜单：对视图进行操作，但对对象不起作用。

（6）"创建"菜单：用于创建各种基本的几何体、二维图形、灯光、摄像机、粒子等。

（7）"修改器"菜单：用于给物体施加各种变形修改器。

（8）"动画"菜单：包含与骨骼、IK、约束、动画预览有关的命令。

（9）"图形编辑器"菜单：包含轨迹视图、图解视图功能。

（10）"渲染"菜单：通过某种算法，体现场景的灯光、材质和贴图等效果。

（11）"自定义"菜单：方便用户按照自己的爱好设置操作界面。3ds Max的工具栏、菜单栏、命令面板都可以放置在任意的位置，如果你厌烦了以前的工作界面，就可以自己定制一个保存起来，下次启动时就会自动加载。

（12）MAXScript菜单：利用该菜单，可以新建、打开、保存脚本，还可以进行宏录制等操作，并将编好的脚本导入3ds Max中运行。

（13）"帮助"菜单：关于这个软件的帮助。包括在线帮助、插件信息等。

1.2.2　工具栏和命令面板

工具栏位于菜单栏的下方，主要是方便用户操作而设置的，它的功能在菜单栏中都能找到，同时还可以移动、关闭、显示工具栏，主工具栏如图1-2所示。

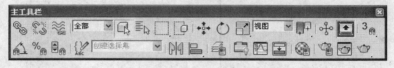

图1-2　主工具栏

各按钮功能如下：

（1）"选择并链接"按钮：利用该按钮，可以将两个物体链接起来，并产生父子层次关系。

（2）"断开当前选择链接"按钮：利用该按钮，可以取消两物体之间的链接层次关系，使之恢复为独立物体。

（3）"绑定到空间扭曲"按钮：利用该按钮，可以将选择对象绑定到空间扭曲物体上，使之受空间扭曲的影响。

（4）"选择过滤器"下拉列表框：利用该项可以设定能选择场景中的哪些对象，默认为"全部"，即场景中所有的对象都可以选择，单击下拉按钮，会弹出下拉列表，如图1-3所示。

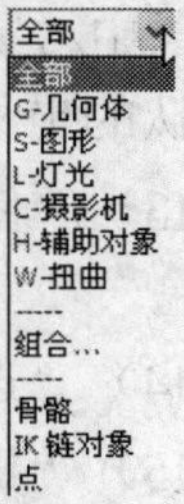

假设选择"L-灯光"项，那么只能选择场景中的灯光，而不能选择其他类型的对象，这对于复杂模型的选择是相当重要的。

图1-3　下拉列表

（5）"选择对象"按钮：利用该按钮，可以选择场景中的对象。

（6）"按名称选择"按钮：单击该按钮，弹出"从场景选择"对话框，在该对话框中可以选择场景中的对象，如图1-4所示。

（7）"矩形选择区域"按钮：在该按钮上按住鼠标左键不放，会出现如图1-5所示的按钮选项。

默认是"矩形"按钮：这时按下鼠标拖动，可产生矩形选择区域。

选择"圆形"按钮：这时按下鼠标拖动，可产生圆形选择区域。

选择"围栏"按钮：这时按下鼠标拖动，可产生任意多边形的选择区域。

选择"套索"按钮：这时按下鼠标拖动，可产生任意形状的选择区域。

选择"绘制"按钮：这时按下鼠标拖动，所触及到的那些对象就被选择。

（8）"窗口/交叉"按钮：在该状态下，被选择框所触及到的对象就被选择，如果单击按钮变成时，只有被选择框全部包括才能被选择。

（9）"选择并移动"按钮：单击该按钮，可以选择对象并进行移动，移动方向取决于定义的轴向。

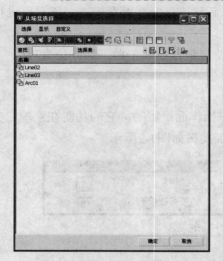

图1-4　"从场景选择"对话框　　　　　　　图1-5　按钮选项

（10）"选择并旋转"按钮○：单击该按钮，可以选择对象并进行旋转，旋转的方向取决于定义的轴向。

（11）"选择并缩放"按钮▦：单击该按钮，可以选择对象并进行缩放，缩放的方向取决于定义的轴向。

（12）"参考坐标系"下拉列表框视图：单击下拉按钮，可以看到视图中的坐标系统，它是场景中对象进行移动、旋转、缩放、变形等的参照系统，共包括9种，如图1-6所示。

默认的坐标是"视图"，也是最普遍的一种坐标系统。

（13）"使用轴点中心"按钮▦：单击该按钮后，可以利用选择对象的轴点作为操作的中心点。

（14）"选择并操纵"按钮⚬：用于选择和改变对象的尺寸大小。

（15）"键盘快速键覆盖切换"按钮▣：用来设置是否启用键盘快速键。

（16）"捕捉开关"按钮³ₘ：单击该按钮，可以在绘制图形时，实现捕捉功能。

（17）"角度捕捉切角"按钮▲：单击该按钮，可以锁定角度捕捉开关，此时物体将以固定的角度单位进行旋转。

（18）"百分比捕捉切角"按钮%ₘ：单击该按钮，可以锁定百分比捕捉开关。

（19）"微调器捕捉切角"按钮▤ₘ：单击该按钮的上下箭头，可以进行微调捕捉。

（20）"编辑命名选择集"按钮▨：使用该工具可以使场景中的物体以选择集的形式进行编辑和选择。

（21）"命名选择集"下拉列表框▭：该选项的作用是为一个选择集命名，以便于下一次选择。

（22）"镜像"按钮▨▨：该选项的作用是将一个或多个对象沿着指定的坐标轴向镜像到另一个方向，同时复制对象。

（23）"对齐"按钮▤：该按钮的作用是将选择的对象与目标对齐，包括位置对齐和方向对齐。

（24）"图层"按钮▨：单击该按钮，可以打开"层"对话框，可以对图层进行管理。

（25）"石墨建模工具"按钮 ：单击该按钮，可以打开"石墨建模"工具栏。

（26）"曲线编辑器"按钮 ：单击该按钮，可以打开"轨迹视图"对话框，进行动画的调整。

（27）"图解视图"按钮 ：单击该按钮，可以打开"图解视图"对话框。

（28）"材质编辑器"按钮 ：单击该按钮，可以打开"材质编辑器"对话框，进行材质编辑。

（29）"渲染场景"按钮 ：单击该按钮，可以打开"渲染场景"对话框，进行渲染设置。

（30）"渲染帧窗口"按钮 ：单击该按钮，可以显示渲染输出，并且可以设置要渲染的区域、选择要渲染的视口、进行渲染预设等。

（31）"渲染产品"按钮 ：单击该按钮，可以按默认设置快速地渲染当前场景，生成产品级的效果。

命令面板位于视图区的右侧，它包括6个选项卡，分别代表不同的命令面板，从左向右依次是"创建"命令面板、"修改"命令面板、"层级"命令面板、"运动"命令面板、"显示"命令面板、"工具"命令面板。用于制作和编辑物体的工具及制作动画的功能大部分都位于命令面板中，如图1-7所示。

图1-6 坐标系统

图1-7 命令面板

各命令面板的功能会在后面内容中详细讲解，这里不再多讲。

1.2.3 视图区、信息提示区和视图控制区

在默认状态下，3ds Max包括四个视图，分别是顶视图、前视图、左视图和透视图，选择一个视图按下"Alt"+"W"键，在场景中只显示这一个视图。根据实际需要，还可以自定义视图，在视图控制区单击右键，弹出"视口配置"对话框，然后单击"布局"选项卡，就可以自定义视图了，如图1-8所示。

共有14种视图样式，选择任意一种，然后单击"确定"按钮即可。

信息提示区位于3ds Max工作界面的左下方，用来对用户的操作进行说明与解释，如图1-9所示。单击 按钮，可以锁定对象，即只能对该对象进行操作。

视图控制区位于3ds Max界面的右下角，用来控制场景在视图中的显示方式，如图1-10所示。

视图控制区共有8个工具按钮，功能如下：

（1）"所有视图最大化显示"按钮 ：单击该按钮，则所有的视图都最大化显示场景中的对象。

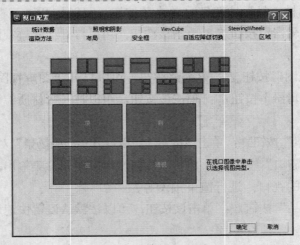

图1-8　"视口配置"对话框

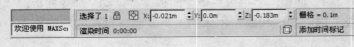

图1-9　信息提示区　　　　　　　　　　图1-10　视图控制区

（2）"最大化显示"按钮📱：单击该按钮，当前视图最大化显示场景中的对象。

（3）"缩放所有视图"按钮🔳：单击该按钮，按下鼠标在视图中拖动，可以缩放所有视图。

（4）"缩放"按钮🔍：单击该按钮，按下鼠标在视图中拖动，可以缩放当前视图。

（5）"缩放区域"按钮▷：单击该按钮，按下鼠标左键，可以在当前视图中绘制要放大的区域。

（6）"平移视图"按钮✋：单击该按钮，在任一视图中按下鼠标左键拖动，可以平移观察当前视图。

（7）"弧形旋转"按钮🔧：单击该按钮，可以任一方向旋转当前视图。

（8）"最大化视图切换"按钮🔲：单击该按钮，可将当前视图满屏显示，再单击则恢复至原来的视图状态。

动画控制区这里不再多讲，在后面内容中会详细讲解。

1.3　文件的基本操作

文件的操作包括文件的新建、打开、保存、导入、导出、合并，其中导入实现了把非3ds Max格式的文件应用到3ds Max中，导出则是把3ds Max设计制作的文件导出为非3ds Max格式的文件，从而实现不同软件之间的结合使用。合并操作是把多个3ds Max文件合并成一个文件，这在制作动画及效果图中也是非常重要的，在后面内容中会详细讲到。下面先来看一下文件的基本操作。

1.3.1　新建和打开文件

单击快速访问工具栏中的"新建场景"按钮⬜，弹出"新建场景"对话框，如图1-11所示。

对话框中共有三项，意义分别如下：

- 保留对象和层次：如果选择该项，则新建的场景保留了当前场景的对象及层次链接，仅删除动画中的主要画面。
- 保留对象：如果选择该项，则新建的场景仅保留了当前场景的对象。
- 新建全部：这是默认的选项，也是最常用的选项，即新建的场景与当前场景无任何关系。

选择一项后，单击"确定"按钮即新建3ds Max场景。

单击快速访问工具栏中的"打开文件"按钮 ，弹出"打开文件"对话框，如图1-12所示。

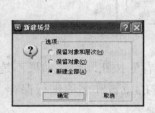

图1-11　　"新建场景"对话框　　　　　　　　　　图1-12　　"打开文件"对话框

选择要打开的文件，单击"打开"按钮即可。

如果要打开最近使用的文件，可以单击 按钮，就会显示最近打开过的3ds Max文件，如图1-13所示。

1.3.2　重置场景和保存文件

在制作动画或效果图时，如果要新建文件，并且不保留当前使用的材质和其他设置，就可以使用"重置"命令。

单击 按钮，在弹出菜单中单击"重置"命令，弹出提示对话框，如图1-14所示。

图1-13　　打开最近使用的文件　　　　　　　　　图1-14　　提示对话框

单击"是"按钮，则3ds Max装入系统的初始值而成为全新的场景。

在制作效果图或动画时，为了防止出现意外死机或断电现象，要不间断保存文件，具体方法是：单击快速访问工具栏中的"保存文件"按钮■或按下键盘上的"Ctrl"+"S"键，弹出"文件另存为"对话框，如图1-15所示。

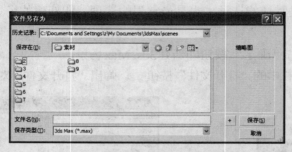

图1-15 "文件另存为"对话框

在对话框中，设置保存文件的位置及文件名后，单击"保存"按钮即可。如果不是第一次保存，则不会弹出"文件另存为"对话框，会按上一次保存的位置和名称进行保存。

1.4 3ds Max常用快捷键

快捷键可以快速、方便地完成一系列的命令，许多应用系统或软件都提供了这项功能，下面来看一下3ds Max常用快捷键，以提高制作速度。

快捷键	操作功能
F1	帮助
F2	加亮所选物体的面（开关）
F3	线框显示（开关）/光滑加亮
F4	在透视图中线框显示（开关）
F5	约束到X轴
F6	约束到Y轴
F7	约束到Z轴
F8	约束到$XY/YZ/ZX$平面（切换）
F9	用前一次的配置进行渲染（渲染先前渲染过的那个视图）
F10	打开"渲染"菜单
F11	打开脚本编辑器
F12	打开移动/旋转/缩放等精确数据输入对话框
`	刷新所有视图
1	进入物体层级1层
2	进入物体层级2层
3	进入物体层级3层
4	进入物体层级4层
Shift+4	进入有指向性灯光视图
5	进入物体层级5层

Alt+6	显示/隐藏主工具栏
7	计算选择的多边形面的个数（开关）
8	打开环境效果编辑框
9	打开高级灯光效果编辑框
0	打开"渲染纹理"对话框
Alt+0	锁住用户定义的工具栏界面
-（主键盘）	减小坐标显示
+（主键盘）	增大坐标显示
[	以鼠标点为中心放大视图
]	以鼠标点为中心缩小视图
'	打开自定义（动画）关键帧模式
\	声音
,	跳到前一帧
.	跳到后一帧
/	播放/停止动画
Space	锁定/解锁选择
Insert	切换次物体集的层级（同1、2、3、4、5键）
Home	跳到时间线的第一帧
End	跳到时间线的最后一帧
Page Up	选择当前子物体的父物体
Page Down	选择当前父物体的子物体
Ctrl+Page Down	选择当前父物体以下所有的子物体
A	旋转角度捕捉开关（默认为5度）
Ctrl+A	选择所有物体
Alt+A	使用对齐（Align）工具
B	切换到底视图
Ctrl+B	子物体选择（开关）
Alt+B	视图背景选项
Alt+Ctrl+B	背景图片锁定（开关）
Shift+Alt+Ctrl+B	更新背景图片
C	切换到摄像机视图
Shift+C	显示/隐藏摄像机（Camera）
Ctrl+C	使摄像机视图对齐到透视图
Alt+C	在Poly物体的Polygon层级中进行面剪切
D	冻结当前视图（不刷新视图）
Ctrl+D	取消所有的选择
E	旋转模式
Ctrl+E	切换缩放模式（切换等比、不等比、等体积，同R键）
Alt+E	挤压Poly物体的面

F	切换到前视图
Ctrl+F	显示渲染安全方框
Alt+F	切换选择的模式（矩形、圆形、多边形、自定义，同Q键）
Ctrl+Alt+F	调入缓存中所存场景（Fetch）
G	隐藏当前视图的辅助网格
Shift+G	显示/隐藏所有几何体（Geometry）（非辅助体）
H	显示选择物体列表菜单
Shift+H	显示/隐藏辅助物体（Helper）
Ctrl+H	使用灯光对齐工具
Ctrl+Alt+H	把当前场景存入缓存中（Hold）
I	平移视图到鼠标中心点
Shift+I	间隔放置物体
Ctrl+I	反向选择
J	显示/隐藏所选物体的虚拟框（在透视图、摄像机视图中）
K	打关键帧
L	切换到左视图
Shift+L	显示/隐藏所有灯光（Light）
Ctrl+L	在当前视图使用默认灯光（开关）
M	打开材质编辑器
Ctrl+M	光滑Poly物体
N	打开自动（动画）关键帧模式
Ctrl+N	新建文件
Alt+N	使用法线对齐工具
O	降级显示（移动时使用线框方式）
Ctrl+O	打开文件
P	切换到等大的透视图
Shift+P	隐藏/显示离子（Particle System）物体
Ctrl+P	平移当前视图
Alt+P	在Border层级下使选择的Poly物体封顶
Shift+Ctrl+P	百分比（Percent Snap）捕捉（开关）
Q	选择模式（切换矩形、圆形、多边形、自定义）
Shift+Q	快速渲染
Alt+Q	隔离选择的物体
R	缩放模式（切换等比、不等比、等体积）
Ctrl+R	旋转当前视图
S	捕捉网络（方式需自定义）
Shift+S	隐藏线段
Ctrl+S	保存文件
Alt+S	捕捉周期

T	切换到顶视图
U	改变到等大的用户（User）视图
Ctrl+V	原地克隆所选择的物体
W	移动模式
Shift+W	隐藏/显示空间扭曲（Space Warp）物体
Ctrl+W	根据选框进行放大
X	显示/隐藏物体的坐标（Gizmo）
Ctrl+X	专业模式（最大化视图）
Alt+X	半透明显示所选择的物体
Y	显示/隐藏工具条
Alt+W	最大化当前视图（开关）
Shift+Y	重做对当前视图的操作（平移、缩放、旋转）
Ctrl+Y	重做场景（物体）的操作
Z	放大各个视图中选择的物体（各视图最大化显示所选物体）
Shift+Z	还原对当前视图的操作（平移、缩放、旋转）
Ctrl+Z	还原对场景的操作
Alt+Z	对视图进行缩放（放大镜）
Shift+Ctrl+Z	放大各个视图中所有的物体（各视图最大化显示所有物体）
Alt+Ctrl+Z	放大当前视图中所有的物体（最大化显示所有物体）
按下鼠标中键	移动视图

本课习题

填空题

（1）3ds Max的工作界面包括_____部分，分别是_____、_____、_____、_____、_____、_____、_____、_____。

（2）顶视图是_____，它只能在_____方向上对物体进行操作，不能在_____方向上对物体进行操作。

（3）✛是_____按钮，它的作用是_____。

（4）如果要对两个物体建立父子层次关系，应该单击工具栏中的_____按钮。

简答题

（1）简述利用哪些工具按钮可以选择场景中的对象，最少列举三种。

（2）简述视图控制区的作用？

第2课

利用三维对象创建模型

本课知识结构及就业达标要求

本课知识结构具体如下：

- 利用长方体创建餐桌
- 利用圆柱体和圆锥体创建石柱
- 利用其他标准基本体创建电视背景墙
- 利用扩展基本体创建沙发和沙发床
- 利用面片栅格创建床
- 利用NURBS曲面创建枕头

本课讲解3ds Max直接创建三维对象的工具，如标准基本体、扩展基本体、面片和NURBS曲面，并且通过具体实例剖析讲解各造型工具的应用技巧。通过本课的学习，掌握3ds Max直接创建三维对象的工具，从而设计制作出专业级的三维模型。

2.1 标准基本体

创建三维模型的方法很多，但最直接、最快捷、最方便的创建方法就是利用三维造型工具。在3ds Max中不仅可以利用简单三维模型工具，也可以利用复合三维模型工具，还可以利用三维物体的布尔运算来制作造型复杂的三维物体。

在命令面板上单击"创建"按钮 ，显示"创建"命令面板，然后单击"几何体"按钮 ，显示有关几何体的命令按钮，即可看到标准基本体工具，如图2-1所示。

各标准基本体工具的作用如下：

- **长方体**：用于创建长方体或立方体造型。
- **球体**：用于创建球体、半球体造型。
- **圆柱体**：用于创建圆柱体造型。
- **圆环**：用于创建圆环造型。
- **茶壶**：用于创建茶壶造型。
- **圆锥体**：用于创建圆锥体造型。
- **几何球体**：用于创建简单的几何球体造型。
- **管状体**：用于创建管状的造型。
- **四棱锥**：用于创建金字塔的造型。
- **平面**：用于创建无厚度的平面造型。

2.1.1 利用长方体创建餐桌

单击菜单栏中的"创建→标准基本体→长方体"命令或单击命令面板上的"长方体"按钮 长方体 ，在任一视图中拖动，即可创建长方体的一个面，然后再拖动即可产生方体的厚度，长方体参数面板及效果如图2-2所示。

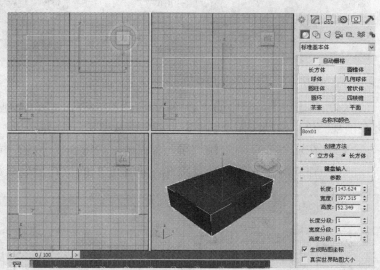

图2-1 标准基本体工具　　　　图2-2 长方体参数面板及效果

主要参数意义如下：

- 名称和颜色：利用该项可以设置长方体的颜色和名字，这个名字在选择物体时相当重要。
- 创建方法：共有两种创建长方体的方法，分别是立方体和长方体。
- 参数：

（1）长度：利用该项可以设置长方体的长度，可以直接输入，也可以利用后面的滚动按钮来改变长方体的长度。

（2）宽度：利用该项可以设置长方体的宽度，可以直接输入，也可以利用后面的滚动按钮来改变长方体的宽度。

（3）高度：利用该项可以设置长方体的高度，可以直接输入，也可以利用后面的滚动按钮来改变长方体的高度。

（4）长度分段、宽度分段、高度分段：可以设置长方体的长度段数、宽度段数、高度段数，可以直接输入，也可以利用后面的滚动按钮来改变长方体的段数。注意，在修改三维物体修改时，段数越多，看到的变形效果越明显，但在计算机中所占空间越大。

- 键盘输入：X、Y、Z为球体的轴点的坐标，然后输入长方体的长度、宽度、高度值，最后单击 创建 按钮，即可产生长方体。

下面通过具体实例来讲解一下长方体的应用。

（1）单击快速访问工具栏中的"新建场景"按钮 ，新建场景。

（2）单击命令面板上的"长方体"按钮 长方体 ，在顶视图中绘制一个长方体，长度为1200，宽度为800，高度为50，参数设置与效果如图2-3所示。

（3）同理，在顶视图再绘制一个长方体，长度为50，宽度为50，高度为600，参数设置与效果如图2-4所示。

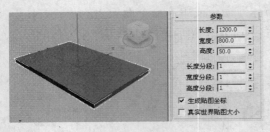
图2-3　绘制桌面长方体

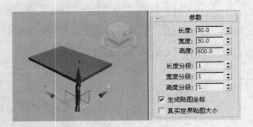
图2-4　绘制餐桌腿

（4）单击主工具栏中的"选择并移动"按钮 ✛，选择餐桌腿，然后按下键盘上的"Shift"键在顶视图进行拖动，拖动到指定位置后释放鼠标，弹出"克隆选项"对话框，如图2-5所示。

（5）在这里选择"复制"项，然后单击"确定"按钮，就可以成功复制餐桌腿。

（6）同理，再复制两个餐桌腿，调整它们的位置后效果如图2-6所示。

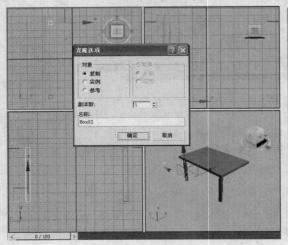
图2-5　"克隆选项"对话框

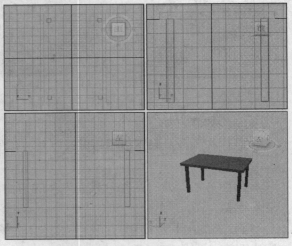
图2-6　餐桌效果

（7）单击快速访问工具栏中的"保存文件"按钮 🖫，弹出"文件另存为"对话框，文件名为"利用长方体创建餐桌"，其他为默认，然后单击"保存"按钮即可。

2.1.2　利用圆柱体和圆锥体创建石柱

单击菜单栏中的"创建→标准基本体→圆柱体"命令或单击命令面板上的"圆柱体"工具按钮　**圆柱体**　，在任一视图中拖动，即可创建圆柱体的一个面，然后再拖动即可产生圆柱体的高度。圆柱体参数面板及效果如图2-7所示。

主要参数意义如下：

· 名称和颜色：利用该项可以设置圆柱体的颜色和名字，这个名字在选择物体时相当重要。

· 创建方法：共有两种创建圆柱体的方法：中心和边，即拖动鼠标的起点是圆柱体柱面的中心点还是边缘点。

· 参数：

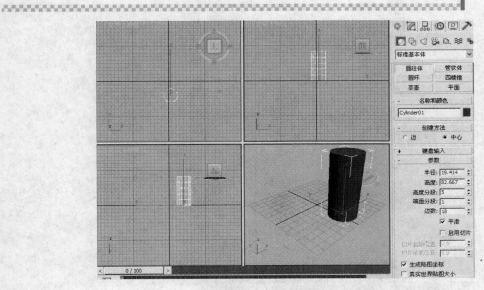

图2-7 圆柱体参数面板及效果

（1）半径：利用该项可以设置圆柱体的半径，可以直接输入，也可以利用后面的滚动按钮来改变圆柱体的半径。

（2）高度：利用该项可以设置圆柱体的高度，可以直接输入，也可以利用后面的滚动按钮来改变圆柱体的高度。

（3）高度分段：是指把圆柱体高度平均分成若干段。其数值越大，所表现的细节越多，但在计算机中所占的空间越大。

（4）端面分段：是指圆面以若干个同心圆来分段。分段越多越平滑。

（5）边数：用来控制圆角由多少个边组成。

（6）启用切片：选中该复选框，然后设置圆柱体切片起始位置和切片结束位置。

· 键盘输入：X、Y、Z为圆柱体的轴点的坐标，半径为圆柱体的半径值，高度为圆柱体的高度，输入后，单击 创建 按钮，即可产生圆柱体。

单击菜单栏中的"创建→标准基本体→圆锥体"命令或单击命令面板上的"圆锥体"工具按钮 圆锥体 ，在任一视图中拖动，即可创建圆锥的一个面，然后拖动产生圆锥的高度，再拖动即可产生圆锥的锥度。圆锥体参数面板及效果如图2-8所示。

主要参数意义如下：

· 名称和颜色：利用该项可以设置圆锥体的颜色和名字，这个名字在选择物体时相当重要。

· 创建方法：共有两种创建圆锥体方法：中心和边，即拖动鼠标的起点是圆锥体的中心点还是圆锥体的边缘点。

· 参数：

（1）半径1：利用该项可以设置圆锥体的底圆半径，可以直接输入，也可以利用后面的滚动按钮来改变圆锥体的底圆半径。

（2）半径2：利用该项可以设置圆锥体的顶圆半径，可以直接输入，也可以利用后面的滚动按钮来改变圆锥体的顶圆半径。

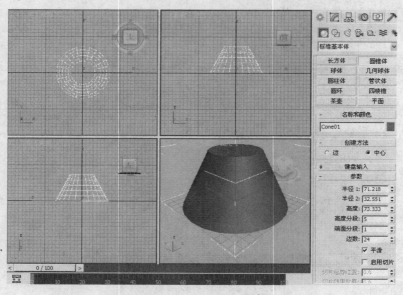

图2-8　圆锥体参数面板及效果

（3）高度分段：是指把圆锥体高度平均分成若干段。其数值越大，所表现的细节越多，但在计算机中所占的空间越大。

（4）端面分段：是指圆面以若干个同心圆来分段。分段越多越平滑。

（5）边数：用来控制圆锥体的边数。

（6）启用切片：选中该复选框，然后设置截取到的圆锥体的角度，一般为逆时针方向。

- 键盘输入：X、Y、Z为圆锥体的轴点的坐标，输入底圆半径1值、顶圆半径2值、高度值后，单击　创建　按钮，即可产生圆锥体。

下面通过具体实例来讲解一下圆柱体和圆锥体的应用。

（1）单击快速访问工具栏中的"新建场景"按钮 □，新建场景。

（2）单击命令面板上的"长方体"按钮 长方体 ，在顶视图中绘制一个长方体，设置长度为400，宽度为400，高度为30，参数设置与效果如图2-9所示。

（3）单击命令面板上的"圆锥体"按钮 圆锥体 ，在顶视图中绘制一个圆锥体，设置半径1为160，半径2为80，高度为90，参数设置与效果如图2-10所示。

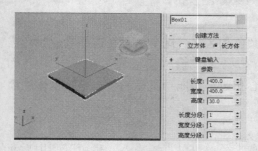

图2-9　绘制长方体

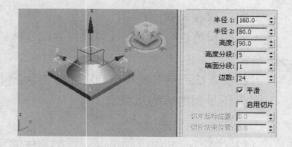

图2-10　绘制圆锥体

（4）单击命令面板上的"圆柱体"按钮 圆柱体 ，在顶视图中绘制一个圆柱体，设置半径为80，高度为1200，参数设置与效果如图2-11所示。

（5）按下键盘上的"Ctrl"键，分别单击长方体和圆锥体，选择这两个物体，然后单击主工具栏中的"镜像"按钮，弹出"镜像"对话框，然后设置镜像轴为"Z"，偏移距离为1200，"克隆当前选择"为"复制"，如图2-12所示。

图2-11 绘制圆柱体

图2-12 "镜像"对话框

（6）设置好各项参数后，单击"确定"按钮，就可以看到石柱效果，如图2-13所示。

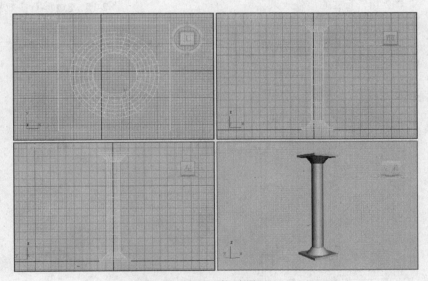

图2-13 石柱效果

（7）选择透视图，按下键盘上的"F9"键，就可以看到石柱的渲染效果，如图2-14所示。

（8）选择圆柱体，然后修改其边数为8，就变成8边形石柱了，如图2-15所示。

（9）单击快速访问工具栏中的"保存文件"按钮，弹出"文件另存为"对话框，文件名为"利用圆柱体和圆锥体创建石柱"，其他为默认，然后单击"保存"按钮即可。

2.1.3 利用其他标准基本体创建电视背景墙

单击菜单栏中的"创建→标准基本体→球体"命令或单击命令面板上的"球体"按钮 球体 ，在任一视图中拖动，即可创建一个球体。球体参数面板及效果如图2-16所示。

主要参数意义如下：

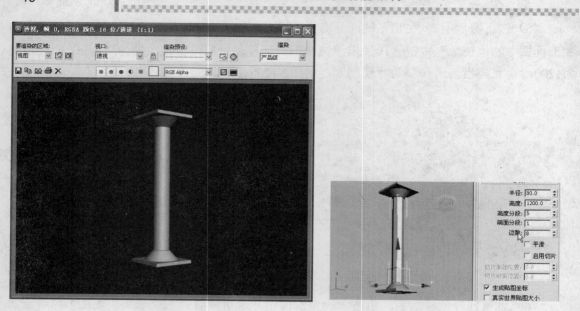

图2-14　石柱的渲染效果

图2-15　8边形石柱效果

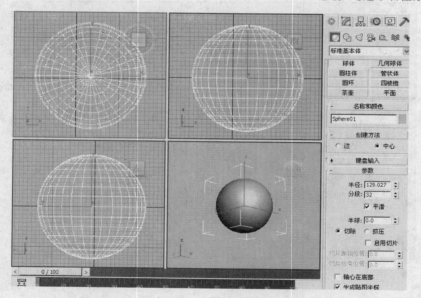

图2-16　球体参数面板及效果

· 名称和颜色：利用该项可以设置球体的颜色和名字，这个名字在选择物体时相当重要。

· 创建方法：共有两种创建球体方法：中心和边，即拖动鼠标的起点是球体的中心点还是球体的边缘点。

· 参数：

（1）半径：利用该项可以设置球体的半径，可以直接输入，也可以利用后面的滚动按钮来改变球体的半径。

（2）分段：其数值增大，所表现的细节越多，但在计算机中所占的空间越大。在室内设计中一般段数不要太多。在三维动画造型中有时为了表达一些细节，分段值比较大。

（3）半球：利用该项可以设置成半球等效果。这里有两种控制方式：切除和挤压。切除是减少垂直线的数目并切除部分的球体。而挤压是不减少垂直线的数目，将球体的上方挤压成较小的体积。把该参数设为0.5后就成为半球，如图2-17所示。

（4）启用切片：选中该复选框，然后设置切片起始位置和切片结束位置。设置切片结束位置为90后的效果如图2-18所示。

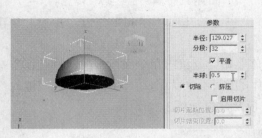

图2-17　半球

图2-18　切片开启

- 键盘输入：X、Y、Z为球体的轴点的坐标，半径为球的半径值，输入后单击 创建 按钮，即可产生球体。

单击菜单栏中的"创建→标准基本体→几何球体"命令或单击命令面板上的"几何球体"工具按钮 几何球体 ，在任一视图中拖动，即可创建一个几何球体，在这里要说明的是球体的构成是多边弧形，而几何球体的构成是三角形。几何球体参数面板及效果如图2-19所示。

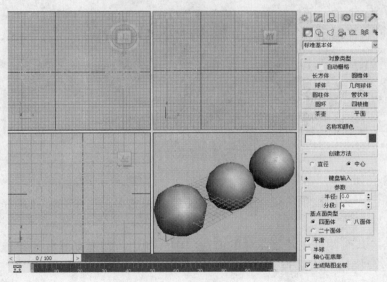

图2-19　几何球体参数面板及效果

主要参数意义如下：

- 名称和颜色：利用该项可以设置几何球体的颜色和名字，这个名字在选择物体时相当重要。
- 创建方法：共有两种创建几体球体方法：中心和边，即拖动鼠标的起点是几何球体的中心点还是几何球体的边缘点。

· 参数：

（1）半径：利用该项可以设置球体的半径，可以直接输入，也可以利用后面的滚动按钮来改变球体的半径。

（2）分段：其数值越大，所表现的细节越多，但在计算机中所占的空间越大。在室内设计中一般段数不要太多。在三维动画造型中有时为了表达一些细节，分段值比较大。

（3）基点面类型：共分为四面体、八面体、二十面体三种。

· 键盘输入：X、Y、Z为球体的轴点的坐标，半径为几何球体的半径值，输入后单击 创建 按钮，即可产生几何球体。

单击菜单栏中的"创建→标准基本体→管状体"命令或单击命令面板上的"管状体"按钮 管状体 ，在任一视图中拖动，即可创建管状体的大小，然后拖动产生管状体的厚度，然后再拖动即可产生管状体的高度。管状体参数面板及效果如图2-20所示。

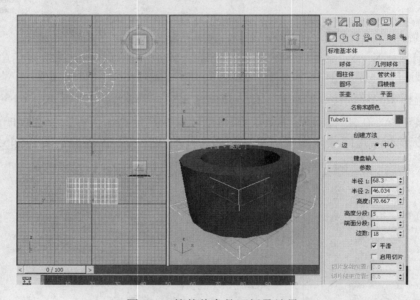

图2-20　管状体参数面板及效果

主要参数意义如下：

· 名称和颜色：利用该项可以设置管状体的颜色和名字，这个名字在选择物体时相当重要。

· 创建方法：共有两种创建管状体的方法：中心和边，即拖动鼠标的起点是管状体的中心点还是管状体的边缘点。

· 参数：

（1）半径1：利用该项可以设置管状体的外圆半径，可以直接输入，也可以利用后面的滚动按钮来改变管状体的外圆半径。

（2）半径2：利用该项可以设置管状体的顶圆半径，可以直接输入，也可以利用后面的滚动按钮来改变管状体的顶圆半径。

（3）高度分段：是指把管状体高度平均分成若干段。其数值越大，所表现的细节越多，但在计算机中所占的空间越大。

（4）端面分段：是指圆面以若干个同心圆来分段。分段越多越平滑。

（5）边数：用来控制管状体的边数。

（6）启用切片：选中该复选框，然后设置截取到的管状体的角度，一般为逆时针方向。

单击菜单栏中的"创建→标准基本体→圆环"命令或单击命令面板上的"圆环"工具按钮 圆环 ，在任一视图中拖动，即可创建圆环的大小，然后再拖动即可产生圆环的厚度，圆环参数面板及效果如图2-21所示。

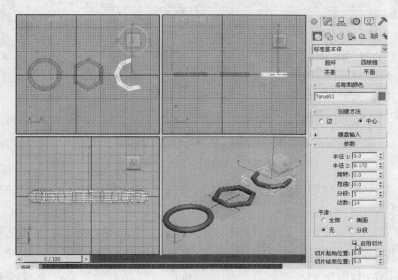

图2-21 圆环参数面板及效果

主要参数意义如下：

• 名称和颜色：利用该项可以设置圆环的颜色和名字，这个名字在选择物体时相当重要。

• 参数：

（1）半径1：利用该项可以设置圆环的外圆半径，可以直接输入，也可以利用后面的滚动按钮来改变圆环的外圆半径。

（2）半径2：利用该项可以设置圆环的内圆半径，可以直接输入，也可以利用后面的滚动按钮来改变圆环的内圆半径。

（3）旋转：利用该项可以设置圆环的旋转角度。

（4）扭曲：利用该项可以设置圆环的扭曲度。

（5）分段：其数值越大，所表现的细节越多，但在计算机中所占的空间越大。

（6）边数：用来控制圆环的边数。

（7）启用切片：选中该复选框，然后设置截取到的圆环的角度，一般为逆时针方向。

单击菜单栏中的"创建→标准基本体→四棱锥"命令或单击命令面板上的"四棱锥"按钮 四棱锥 ，在任一视图中拖动，即可创建四棱锥的一个面，然后再拖动即可产生四棱锥的高度。四棱锥参数面板及效果如图2-22所示。

主要参数意义如下：

• 名称和颜色：利用该项可以设置棱锥的颜色和名字，这个名字在选择物体时相当重要。

• 创建方法：共有两种创建四棱锥方法：基点/顶点和居中。

• 参数：

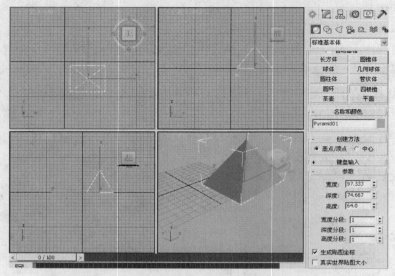

图2-22　四棱锥参数面板及效果

（1）宽度：利用该项可以设置四棱锥的宽度，可以直接输入，也可以利用后面的滚动按钮来改变四棱锥的宽度。

（2）深度：利用该项可以设置四棱锥的深度，可以直接输入，也可以利用后面的滚动按钮来改变四棱锥的深度。

（3）高度：利用该项可以设置四棱锥的高度，可以直接输入，也可以利用后面的滚动按钮来改变四棱锥的高度。

（4）长度分段、宽度分段、高度分段：可以设置四棱锥的长度段数、深度段数、高度段数，可以直接输入，也可以利用后面的滚动按钮来改变四棱锥的段数。注意，在修改三维物体时，段数越多，看到的变形效果越明显，但在计算机中所占空间越大。

单击菜单栏中的"创建→标准基本体→茶壶"命令或单击命令面板上的"茶壶"按钮 茶壶 ，在任一视图中拖动，即可创建一个茶壶。茶壶参数面板及效果如图2-23所示。

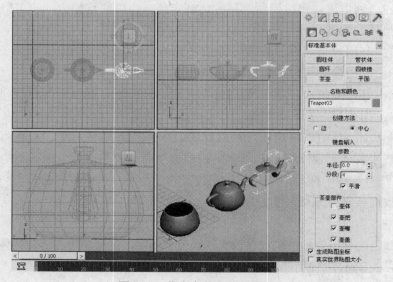

图2-23　茶壶参数面板及效果

主要参数意义如下：

· 名称和颜色：利用该项可以设置茶壶的颜色和名字，这个名字在选择物体时相当重要。

· 参数设置：

（1）半径：利用该项可以设置茶壶的半径，可以直接输入，也可以利用后面的滚动按钮来改变茶壶的半径。

（2）分段：其数值越大，所表现的细节越多，但在计算机中所占的空间越大。在室内设计中一般段数不要太多。在三维动画造型中有时为了表达一些细节，分段值比较大。

（3）茶壶部件：包括壶体、壶把、壶嘴和壶盖4部分。

下面通过具体实例讲解一下标准基本体的应用。

（1）单击快速访问工具栏中的"新建场景"按钮 ，新建场景。

（2）单击命令面板上的"长方体"按钮 长方体 ，在顶视图中绘制长方体，其长度为2600，宽度为1200，高度为50，如图2-24所示。

（3）同理，在顶视图中再绘制长方体，其长度为50，宽度为1200，高度为450，然后调整其位置，如图2-25所示。

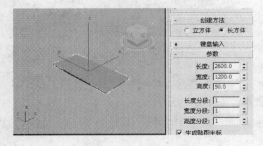

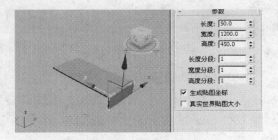

图2-24　绘制长方体　　　　　　　　　　　图2-25　绘制电视墙底柜腿

（4）按下键盘上的"Shift"键，移动电视墙底柜腿，弹出"克隆选项"对话框，单击"确定"按钮，即可实现复制电视墙底柜腿，如图2-26所示。

（5）单击命令面板上的"圆柱体"按钮 圆柱体 ，在顶视图中绘制圆柱体，设置其半径为50，高度为170，调整其位置后，如图2-27所示。

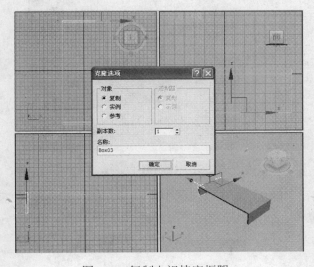

图2-26　复制电视墙底柜腿　　　　　　　　图2-27　绘制圆柱体

（6）按下键盘上的"Shift"键，对圆柱体进行复制，共复制4个，调整位置后，如图2-28所示。

（7）在顶视图中绘制长方体，其长度为2350，宽度为1100，高度为250，然后调整其位置，如图2-29所示。

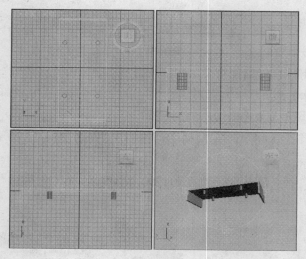

图2-28　复制圆柱体

图2-29　绘制长方体

（8）单击命令面板上的"圆环"按钮　圆环　，在顶视图中绘制圆环，设置其半径1为180，半径2为20，切片从525到20，然后调整其位置，如图2-30所示。

（9）按下键盘上的"Shift"键，对把手进行复制，共复制2个，调整位置后，如图2-31所示。

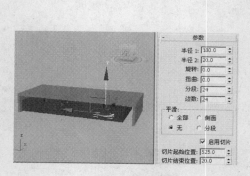

图2-30　绘制把手

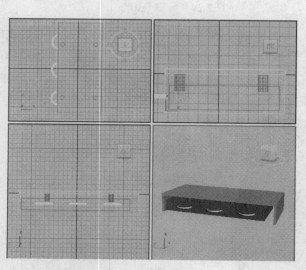

图2-31　复制把手

（10）单击命令面板上的"长方体"按钮　长方体　，在顶视图中绘制长方体，其长度为50，宽度为600，高度为1300，然后调整其位置，如图2-32所示。

（11）按下键盘上的"Shift"键，对长方体进行复制，共复制2个，调整位置后，如图2-33所示。

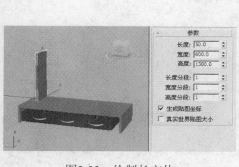
图2-32 绘制长方体

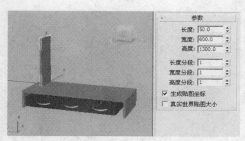
图2-33 复制长方体

（12）在顶视图中绘制长方体，其长度为2600，宽度为700，高度为50，然后调整其位置，如图2-34所示。

（13）在顶视图中绘制长方体，其长度为400，宽度为600，高度为50，然后调整其位置，如图2-35所示。

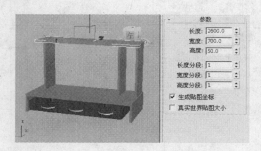
图2-34 绘制顶盖

图2-35 绘制挡板

（14）按下键盘上的"Shift"键，对长方体进行复制，共复制8个，调整位置后，如图2-36所示。

（15）单击命令面板上的"圆柱体"按钮 圆柱体 ，在顶视图中绘制圆柱体，设置其半径为50，高度为300，调整其位置后，如图2-37所示。

（16）单击命令面板上的"球体"按钮 球体 ，在顶视图中绘制球体，设置其半径为80，然后调整其位置，如图2-38所示。

（17）按下键盘上的"Ctrl"键，选择刚绘制的圆柱和球，再按下键盘上的"Shift"键，对它们进行复制，复制后调整它们的位置，如图2-39所示。

（18）在顶视图中绘制长方体，其长度为1200，宽度为600，高度为30，然后调整其位置，如图2-40所示。

（19）单击命令面板上的"茶壶"按钮 茶壶 ，绘制两个茶壶，效果如图2-41所示。

（20）选择透视图，然后按下键盘上的"F9"键，就可以看到电视背景墙的渲染效果，如图2-42所示。

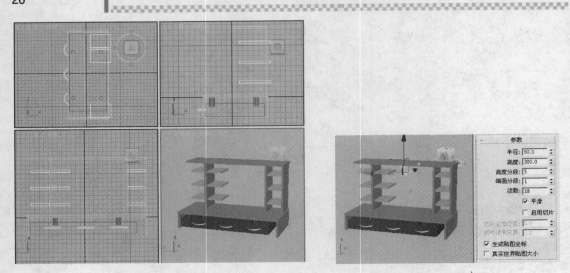

图2-36　复制8个挡板

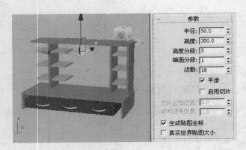

图2-37　绘制圆柱体

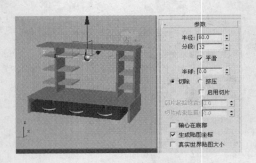

图2-38　绘制球体

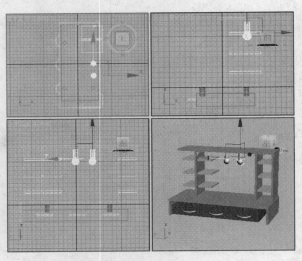

图2-39　复制圆柱体与球体

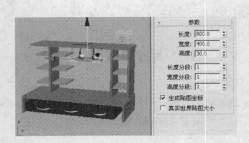

图2-40　绘制长方体

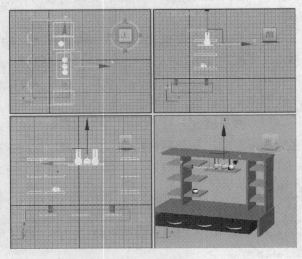

图2-41　绘制茶壶

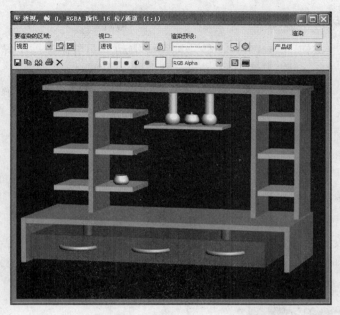

图2-42　电视背景墙的渲染效果

（21）单击快速访问工具栏中的"保存文件"按钮，弹出"文件另存为"对话框，文件名为"利用其他标准基本体创建电视背景墙"，其他为默认，然后单击"保存"按钮即可。

2.2　利用扩展基本体创建沙发和沙发床

在命令面板上单击"创建"按钮，显示"创建"命令面板，然后单击"几何体"按钮，然后单击下拉按钮，在下拉列表中选择"扩展基本体"选项，即可看到扩展基本体工具，如图2-43所示。

各扩展基本体工具的作用如下：

· 异面体：用于创建多面体造型，如四面体、八面体、十二面或二十面、星形体等。

· 切角长方体：用于创建带有切角的长方体造型。

· 油罐：用于创建类似油箱的造型。

· 纺锤：用于创建纺锤的造型。

· 球棱柱：用于创建平滑柱状体。

图2-43　扩展基本体

· 环形波：用于创建环形波状对象。

· 软管：用于创建软管状对象。

· 环形结：用于创建复杂的打结交错的圆环选型。

· 切角圆柱体：用于创建带有切角的圆柱体造型。

· 胶囊：用于创建胶囊状造型。

· L-Ext（L型板）：用于创建L型板造型。

· C-Ext（C型板）：用于创建C型板造型。

· 棱柱：用于创建棱柱造型。

2.2.1　异面体、切角长方体和油罐

单击"异面体"按钮 异面体 ，在任一视图中拖动，即可创建一个异面体。异面体参数面板如图2-44所示。

- 名称和颜色：利用该项可以设置异面体的颜色和名字，这个名字在选择物体时会用到。
- 参数设置：

（1）系列：利用该项可以设置异面体的外形，如四面体、立方体/八面体、十二面体/二十面体、星形1、星形2。

（2）系列参数：利用该项可以设置异面体纵横面变化，P参数是纵面、Q参数是横面。

（3）轴向比率：异面体的面主要由三边形、四边形、五边形组成，要控制异面体面是规则还是不规则，可以利用下面的P、Q、R参数来设置。

（4）顶点：设置异面体的顶点方式，共有三种：基点、中心、中心和边。

（5）半径：利用该项可以设置异面体的大小。

异面体及调整参数后效果如图2-45所示。

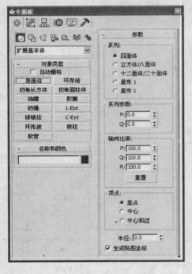

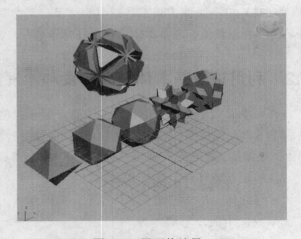

图2-44　异面体参数面板　　　　　　　　　　图2-45　异面体效果

单击"切角长方体"工具按钮 切角长方体 ，在任一视图中拖动单击产生一个面，再拖动单击产生长方体的高度，再拖动单击产生切角。切角长方体参数面板如图2-46所示。

- 名称和颜色：利用该项可以设置切角长方体的颜色和名字，这个名字在选择物体时相当重要。
- 创建方法：创建切角长方体的方法有两种，分别是立方体和长方体。
- 参数：

（1）长度：利用该项可以设置切角长方体的长度，可以直接输入，也可以利用后面的滚动按钮来改变切角长方体的长度。

（2）宽度：利用该项可以设置切角长方体的宽度，可以直接输入，也可以利用后面的滚动按钮来改变切角长方体的宽度。

（3）高度：利用该项可以设置切角长方体的高度，可以直接输入，也可以利用后面的滚动按钮来改变切角长方体的高度。

（4）圆角：利用项可以设置切角长方体的切角，可以直接输入，也可以利用后面的滚动按钮来改变切角长方体的切角。

（5）长度分段、宽度分段、高度分段、圆角分段：可以设置长方体的长度段数、宽度段数、高度段数、圆角段数，可以直接输入，也可以利用后面的滚动按钮来改变长方体的段数。注意，在修改三维物体时，段数越多，看到的变形效果越明显，但在计算机中所占空间越大。

（6）键盘输入：X、Y、Z为球体的轴点的坐标，然后输入长方体的长度、宽度、高度、圆角值，输入后单击　创建　按钮，即可产生切角长方体。

单击"油罐"工具按钮　油罐　，在任一视图中拖动单击产生油罐，再拖动单击产生油罐的高度，再拖动单击产生油罐的封口高度。油罐参数面板如图2-47所示。

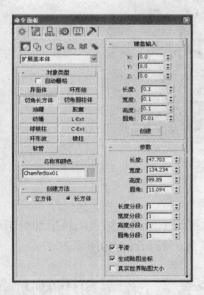

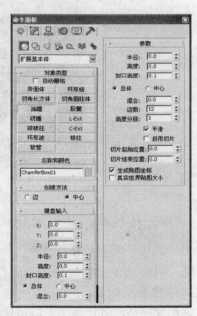

图2-46　切角长方体参数面板　　　　　　　图2-47　油罐参数面板

主要参数意义如下：

· 名称和颜色：利用该项可以设置油罐的颜色和名字，这个名字在选择物体时相当重要。

· 创建方法：有两种创建油罐的方法，即中心与边。

· 参数：

（1）半径：利用该项可以设置油罐的大小，可以直接输入，也可以利用后面的滚动按钮来改变油罐的大小。

（2）高度：利用该项可以设置油罐的高度，可以直接输入，也可以利用后面的滚动按钮来改变油罐的高度。

（3）封口高度：利用该项可以设置油罐的封口高度，可以直接输入，也可以利用后面的滚动按钮来改变油罐的封口高度。

（4）混合：利用该项可以设置油罐的半球与圆柱之间的平滑过渡值，可以直接输入，也可以利用后面的滚动按钮来改变油罐的半球与圆柱之间的平滑过渡值。

（5）边数：用来控制油罐的半球与圆柱由多少个边组成。

（6）高度分段：利用该项可以设置油罐的圆柱的高度段数，可以直接输入，也可以利用后面的滚动按钮来改变。注意，在修改三维物体时，段数越多，看到的变形效果越明显，但在计算机中所占空间越大。

（7）启用切片：选中该复选框，然后设置油罐切片起始位置和切片结束位置。

· 键盘输入：X、Y、Z为油罐的轴点的坐标，然后输入油罐的半径、高度、封口高度、混合、边数、高度分段值，输入后单击 创建 按钮，即可产生油罐。

油罐及调整参数后效果如图2-48所示。

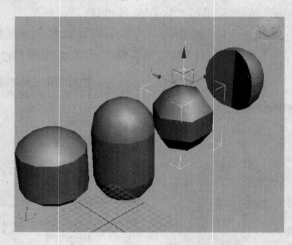

图2-48　油罐效果

2.2.2　纺锤、球棱柱、环形波和软管

单击"纺锤"工具按钮 纺锤 ，在任一视图中拖动单击产生纺锤，再拖动单击产生纺锤的高度，再拖动单击产生纺锤的封口高度。纺锤参数面板如图2-49所示。

主要参数意义如下：

· 名称和颜色：利用该项可以设置纺锤的颜色和名字，这个名字在选择物体时相当重要。

· 创建方法：共两种创建纺锤方法，分别是中心与边。

· 参数：

（1）半径：利用该项可以设置纺锤的大小，可以直接输入，也可以利用后面的滚动按钮来改变纺锤的大小。

（2）高度：利用该项可以设置纺锤的高度，可以直接输入，也可以利用后面的滚动按钮来改变纺锤的高度。

（3）封口高度：利用该项可以设置纺锤的封口高度，可以直接输入，也可以利用后面的滚动按钮来改变纺锤的封口高度。

（4）混合：利用项可以设置纺锤的圆锥与圆柱之间的平滑过渡值，可以直接输入，也可以利用后面的滚动按钮来改变纺锤的圆锥与圆柱之间的平滑过渡值。

（5）边数：用来控制纺锤的圆锥与圆柱由多少个边组成。

（6）高度分段：利用该项可以设置纺锤的圆柱的高度段数，可以直接输入，也可以利用后面的滚动按钮来改变。注意，在修改三维物体时，段数越多，看到的变形效果越明显，但在计算机中所占空间越大。

（7）启用切片：选中该复选框，然后设置纺锤的切片起始位置和切片结束位置。

· 键盘输入：X、Y、Z为纺锤的轴点的坐标，然后输入纺锤的半径、高度、封口高度、混合、边数、高度分段值，输入后单击 创建 按钮，即可产生纺锤。

纺锤及调整参数后效果如图2-50所示。

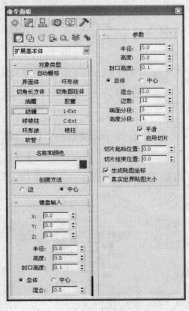

图2-49 纺锤参数面板

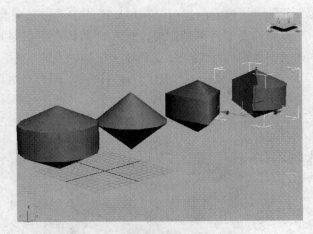

图2-50 纺锤效果

单击"球棱柱"工具按钮 球棱柱 ，在任一视图中拖动单击产生一个面，再拖动单击产生球棱柱的高度，再拖动单击产生球棱柱的圆角。球棱柱参数面板及效果如图2-51所示。

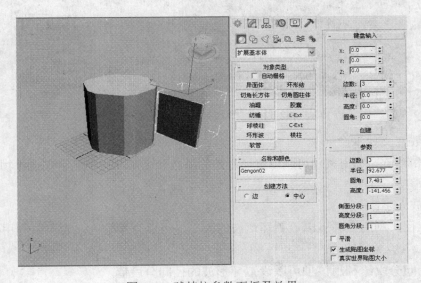

图2-51 球棱柱参数面板及效果

• 参数：

（1）边数：利用该项可以设置球棱柱边的个数，可以直接输入，也可以利用后面的滚动按钮来改变。

（2）半径：利用该项可以设置球棱柱的大小，可以直接输入，也可以利用后面的滚动按钮来改变。

（3）高度：利用该项可以设置球棱柱的高度，可以直接输入，也可以利用后面的滚动按钮来改变。

（4）圆角：利用项可以设置球棱柱的切角，可以直接输入，也可以利用后面的滚动按钮来改变。

（5）侧面分段、高度分段、圆角分段：可以设置方体的侧面段数、高度段数、圆角段数，可以直接输入，也可以利用后面的滚动按钮来改变。注意，在修改三维物体时，段数越多，看到的变形效果越明显，但在计算机中所占空间越大。

• 键盘输入：X、Y、Z为球棱柱的轴点的坐标，然后输入长方体的边数、半径、高度、圆角值，输入后单击 创建 按钮，即可产生球棱柱。

单击"环形波"工具按钮 环形波 ，在任一视图中拖动单击产生环形波的大小圆面，再拖动单击产生环形波。环形波参数面板及效果如图2-52所示。

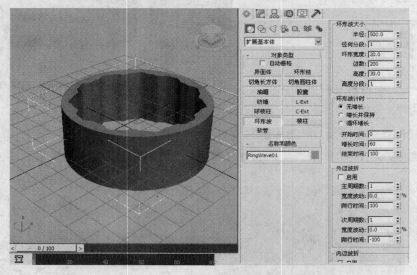

图2-52　环形波参数面板及效果

主要参数意义如下：

• 名称和颜色：利用该项可以设置环形波的颜色和名字，这个名字在选择物体时相当重要。

• 环形波大小：

（1）半径：利用该项可以设置环形波的大小，可以直接输入，也可以利用后面的滚动按钮来改变。

（2）径向分段：利用该项可以设置环形波的径向分段值。

（3）环形宽度：利用该项可以设置环形波的波的大小，可以直接输入，也可以利用后面的滚动按钮来改变。

（4）边数：利用该项可以设置环形波边的个数，可以直接输入，也可以利用后面的滚动按钮来改变。

（5）高度：利用该项可以设置环形波边的高度，可以直接输入，也可以利用后面的滚动按钮来改变。

（6）高度分段：利用该项可以设置环形波的高度分段值。

• 在这里还可以设置环形波的外边波折、内边波折、曲面参数及环形波计时项，主要用来设置环形波的动画效果，这里不再多讲。

单击"软管"工具按钮 软管 ，在任一视图中拖动单击产生软管，再拖动单击产生软管高度。软管参数面板及效果如图2-53所示。

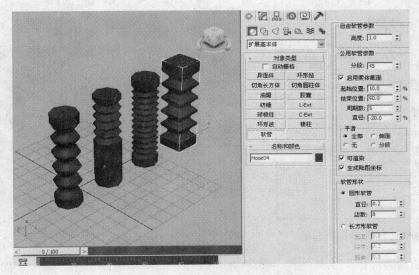

图2-53 软管参数面板及效果

主要参数意义如下：

• 名称和颜色：利用该项可以设置软管的颜色和名字，这个名字在选择物体时相当重要。

• 参数：

（1）端点方法：创建软管的方法有两种：自由软管、绑定到对角轴。

（2）绑定对象：可以确定软管的顶部对象和底部对象，并且可以设置绑定对象的压力。

（3）自由软管参数：通过"高度"项可以设置自由软管的高度。

（4）公共软管参数：可以设置软管的分段数，软管的柔体截面的起始位置、结束位置、周期数、直径等。

（5）软管形状：可以设置圆形软管、长方形软管、D截面软管的各项参数。

2.2.3 环形结、切角圆柱体和胶囊

单击"环形结"工具按钮 环形结 ，在任一视图中拖动单击产生环形结，再拖动单击产生环形结的半径的大小。环形结参数面板如图2-54所示。

主要参数意义如下：

• 参数：

（1）基础曲线：可以设置环形结是结或是圆，如果是结，还可以设置结的半径、分段、

P参数、Q参数、扭曲数、扭曲高度。

（2）横截面：可以设置环形结横截面的半径、边数、偏心率、扭曲、块、块高度、块偏移。

（3）平滑：可以设置环形结的平滑项，共三种：全部、侧面、无

（4）贴图坐标：在后面课中会讲到，这里不再多讲。

环形结及调整参数后效果如图2-55所示。

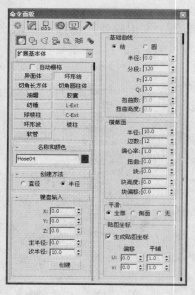

图2-54　环形结参数面板

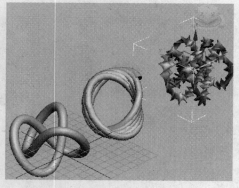

图2-55　环形结效果

单击"切角圆柱体"工具按钮 切角圆柱体 ，在任一视图中拖动单击产生一个面，再拖动单击产生切角圆柱体的高度，再拖动单击产生切角圆柱体的切角。切角圆柱体参数面板及效果如图2-56所示。

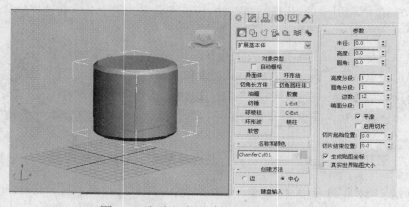

图2-56　切角圆柱体参数面板及效果

主要参数意义如下：

· 参数：

（1）半径：利用该项可以设置切角圆柱体的大小，可以直接输入，也可以利用后面的滚动按钮来改变。

（2）高度：利用该项可以设置切角圆柱体的高度，可以直接输入，也可以利用后面的滚动按钮来改变。

（3）圆角：利用项可以设置切角圆柱体的切角，可以直接输入，也可以利用后面的滚动按钮来改变。

（4）高度分段、圆角分段、边数、端面分段：可以设置切角圆柱体的高度分段、圆角分段、边数、端面分段的值，可以直接输入，也可以利用后面的滚动按钮来改变。注意，在修改三维物体时，段数越多，看到的变形效果越明显，但在计算机中所占空间越大。

• 键盘输入：X、Y、Z为切角圆柱体的轴点的坐标，然后输入切角圆柱体的半径、高度、圆角值，输入后单击　创建　按钮。即可产生切角圆柱体。

单击"胶囊"工具按钮　胶囊　，在任一视图中拖动单击产生胶囊，再拖动单击产生胶囊的高度，胶囊参数面板及效果如图2-57所示。

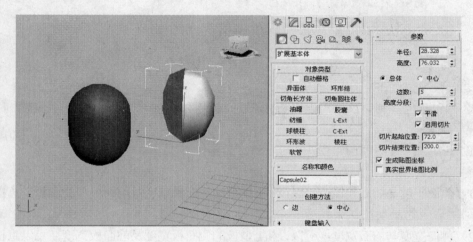

图2-57　胶囊参数面板及效果

主要参数意义如下：

• 参数：

（1）半径：利用该项可以设置胶囊的大小，可以直接输入，也可以利用后面的滚动按钮来改变油罐的大小。

（2）高度：利用该项可以设置胶囊的高度，可以直接输入，也可以利用后面的滚动按钮来改变油罐的高度。

（3）边数：用来控制胶囊的半球与圆柱由多少个边组成。

（4）高度分段：利用该项可以设置胶囊的圆柱的高度段数，可以直接输入，也可以利用后面的滚动按钮来改变。注意，在修改三维物体时，段数越多，看到的变形效果越明显，但在计算机中所占空间越大。

（5）启用切片：选中该复选框，然后设置胶囊切片起始位置和切片结束位置。

• 键盘输入：X、Y、Z为油罐的轴点的坐标，然后输入油罐的半径、高度值，输入后单击　创建　按钮，即可产生胶囊。

2.2.4　L型板、C型板和棱柱

单击L-Ext工具按钮 L-Ext ，在任一视图中拖动单击产生一个L型面，再拖动单击产生L型高度，再拖动单击产生L型厚度。L型板参数面板及效果如图2-58所示。

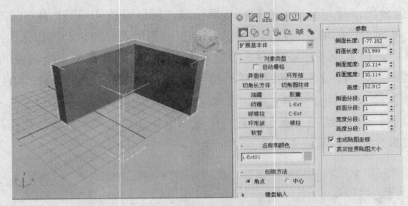

图2-58　L型板参数面板及效果

主要参数意义如下：

- 名称和颜色：利用该项可以设置L型板的颜色和名字，这个名字在选择物体时相当重要。
- 创建方法：有两种创建L型板的方法，角与中心。
- 参数：

（1）侧面长度与前面长度：可以设置L型板的侧面板长度及前面板长度，可以直接输入，也可以利用后面的滚动按钮来改变。

（2）侧面宽度与前面宽度：可以设置L型板的侧面板宽度及前面板宽度，可以直接输入，也可以利用后面的滚动按钮来改变。

（3）高度：利用该项可以设置L型板的高度，可以直接输入，也可以利用后面的滚动按钮来改变。

（4）侧面分段、前面分段、宽度分段、高度分段：可以设置L型板的侧面分段、前面分段、宽度分段、高度分段值，可以直接输入，也可以利用后面的滚动按钮来改变。

- 键盘输入：X、Y、Z为L型板的坐标，然后输入L型板的侧面长度、前面长度、侧面宽度、前面宽度、高度值，输入后单击 创建 按钮，即可产生L型板。

单击C-Ext工具按钮 C-Ext ，在任一视图中拖动单击产生一个C型面，再拖动单击产生C型高度，再拖动单击产生C型厚度。C型板参数面板及效果如图2-59所示。

主要参数意义如下：

- 参数：

（1）背面长度、侧面长度与前面长度：可以设置C型板的背面长度、侧面长度与前面长度，可以直接输入，也可以利用后面的滚动按钮来改变。

（2）背面宽度、侧面宽度与前面宽度：利用该项可以设置C型板的背面宽度、侧面宽度与前面宽度，可以直接输入，也可以利用后面的滚动按钮来改变。

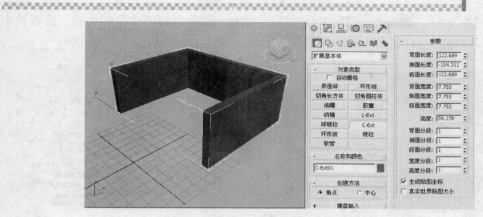

图2-59　C型板参数面板及效果

（3）高度：利用该项可以设置C型板的高度，可以直接输入，也可以利用后面的滚动按钮来改变。

（4）背面分段、侧面分段、前面分段、宽度分段、高度分段：可以设置C型板的背面分段、侧面分段、前面分段、宽度分段、高度分段值，可以直接输入，也可以利用后面的滚动按钮来改变。

- 键盘输入：X、Y、Z为C型板的坐标，然后输入C型板的背面长度、侧面长度、前面长度、背面宽度、侧面宽度、前面宽度、高度值，输入后单击　创建　按钮，即可产生C型板。

2.2.5　创建沙发和沙发床

（1）单击快速访问工具栏中的"新建场景"按钮📄，新建场景。

（2）单击"切角长方体"工具按钮　切角长方体　，在顶视图绘制切角长方体，设置其长度为600，宽度为1600，高度为30，圆角为3，圆角分段为3，如图2-60所示。

（3）单击"切角长方体"工具按钮　切角长方体　，在顶视图绘制切角长方体，设置其长度为580，宽度为1580，高度为150，圆角为30，圆角分段为10，调整其颜色和位置后，如图2-61所示。

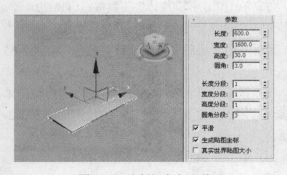

图2-60　绘制切角长方体

图2-61　绘制沙发垫

（4）按下键盘上的"Shift"键，复制两个沙发垫，并改变它们的宽度为780，高度为100，调整位置后，如图2-62所示。

（5）绘制沙发腿。单击"油罐"工具按钮 ▭油罐▭ ，在顶视图中绘制油罐，设置其半径为40，高度为120，封口高度为30，调整其位置后，如图2-63所示。

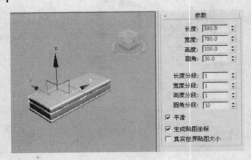

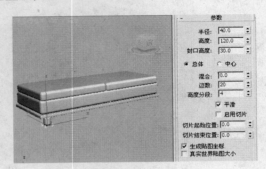

图2-62　复制沙发垫　　　　　　　　　　　　　图2-63　绘制沙发腿

（6）按下键盘上的"Shift"键，对沙发腿进行复制，共复制3个，调整它们的位置后，如图2-64所示。

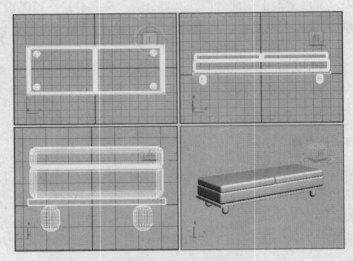

图2-64　复制沙发腿

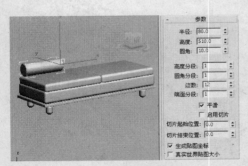

图2-65　切角圆柱体

（7）单击"切角圆柱体"工具按钮 切角圆柱体 ，在左视图绘制切角圆柱体，设置其半径为80，高度为510，圆角为10，然后调整其位置与颜色，如图2-65所示。

（8）按下键盘上的"Shift"键，对切角圆柱体进行复制，共复制2个，调整它们的位置后，如图2-66所示。

（9）单击命令面板上的 ⍅ 按钮，再单击 矩形 按钮，在左视图中绘制矩形，如图2-67所示。

（10）选择刚绘制的矩形，单击命令面板上的"修改"选项卡 ◿ ，进入"修改"命令面板，单击面板上的下拉按钮，在下拉列表中选择"编辑样条线"选项，单击 ⠆⠆ 按钮，对矩形进行节点的增加与调整，调整后如图2-68所示。

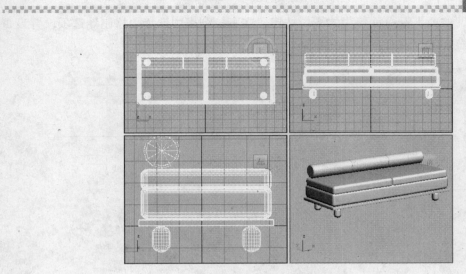

图2-66　复制切角圆柱体

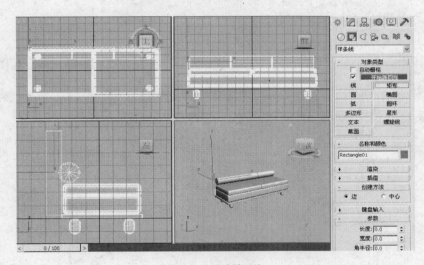

图2-67　绘制矩形

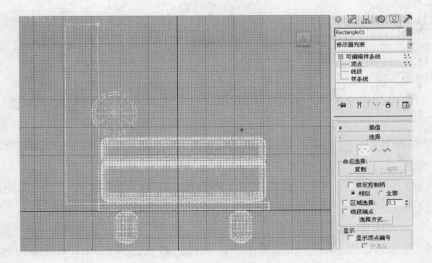

图2-68　修改矩形

（11）单击"修改"命令面板中的下拉按钮，在下拉列表中选择"挤出"选项，并设置挤出"数量"为－1600，改变其颜色为白色，如图2-69所示。

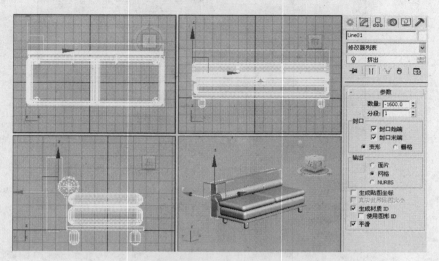

图2-69　挤出效果

（12）单击命令面板上的 🔧 按钮，再单击 ⋯ 按钮，在左视图中绘制直线，如图2-70所示。

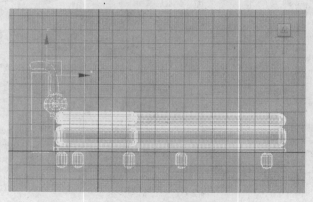

图2-70　绘制直线

（13）同理，对该直线进行挤出处理，具体参数设置及效果如图2-71所示。

（14）按下键盘上的"Shift"键，对刚挤出的沙发靠背进行复制，共复制2个，调整它们的位置后，如图2-72所示。

（15）下面来制作沙发床。首先制作沙发床垫及沙发床腿，制作方法同沙发，制作完成后，如图2-73所示。

（16）制作沙发床上垫及靠背，制作方法同沙发，这里不再多讲，制作完成后，如图2-74所示。

（17）选择透视图，然后按下键盘上的"F9"键，就可以看到沙发和沙发床的渲染效果，如图2-75所示。

（18）单击快速访问工具栏中的"保存文件"按钮，弹出"文件另存为"对话框，文件名为"利用扩展基本体创建沙发和沙发床"，其他为默认，然后单击"保存"按钮即可。

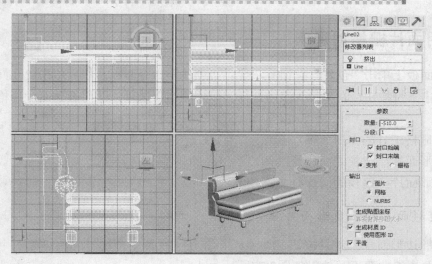

图2-71 挤出效果

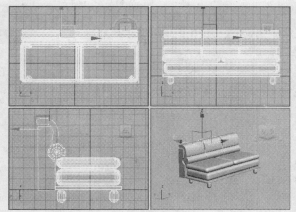

图2-72 复制沙发靠背

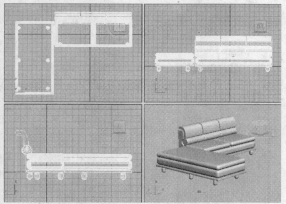

图2-73 沙发床垫及沙发床腿

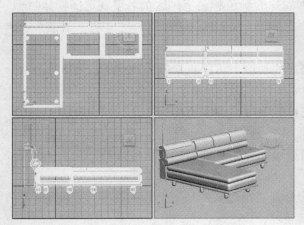

图2-74 沙发床

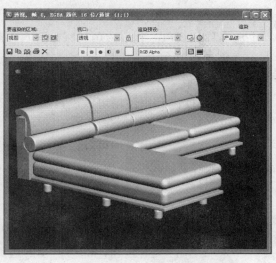

图2-75 沙发和沙发床的渲染效果

2.3　利用面片栅格创建床

在命令面板上单击"创建"按钮 ✦，显示"创建"命令面板，然后单击"几何体"按钮 ◎，然后单击下拉按钮，在下拉列表中选择"面片栅格"选项，即可看到面片栅格工具，如图2-76所示。

各面片栅格工具的作用如下：

· 四边形面片：建模的面片是由四边形组成的。

· 三角形面片：建模的面片是由三角形组成的。

2.3.1　四边形面片和三角形面片

单击"四边形面片"工具按钮 四边形面片，在任一视图中拖动，即可创建一个四边形面片。四边形面片参数面板及效果如图2-77所示。

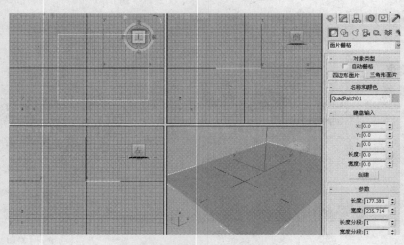

图2-76　面片栅格　　　　　　　　　　　图2-77　四边形面片参数面板及效果

主要参数意义如下：

· 名称和颜色：利用该项可以设置四边形面片的颜色和名字，这个名字在选择物体时相当重要。

· 参数：

（1）长度：利用该项可以设置四边形面片的长度，可以直接输入，也可以利用后面的滚动按钮来改变。

（2）宽度：利用该项可以设置四边形面片的宽度，可以直接输入，也可以利用后面的滚动按钮来改变。

（3）长度分段、宽度分段：可以设置四边形面片的长度段数、宽度段数，可以直接输入，也可以利用后面的滚动按钮来改变。

· 键盘输入：X、Y、Z为球体的轴点的坐标，然后输入四边形面片的长度、宽度值，输入后单击 创建 按钮，即可产生四边形面片。

单击"三边形面片"工具按钮 三角形面片，在任一视图中拖动，即可创建一个三边形面片。三边形面片参数面板及效果如图2-78所示。

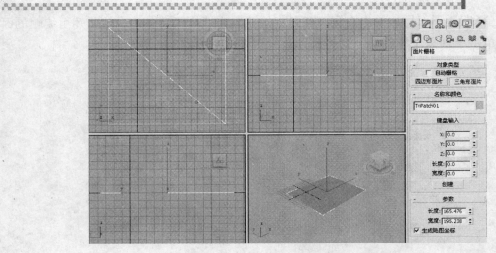

图2-78　三边形面片参数面板及效果

主要参数意义如下：

- 名称和颜色：利用该项可以设置三边形面片的颜色和名字，这个名字在选择物体时相当重要。
- 参数：

（1）长度：利用该项可以设置三边形面片的长度，可以直接输入，也可以利用后面的滚动按钮来改变。

（2）宽度：利用该项可以设置三边形面片的宽度，可以直接输入，也可以利用后面的滚动按钮来改变。

- 键盘输入：X、Y、Z为球体的轴点的坐标，然后输入三边形面片的长度、宽度值，输入后单击 创建 按钮，即可产生三边形面片。

2.3.2　创建立体床

（1）单击快速访问工具栏中的"新建场景"按钮 ，新建场景。

（2）单击"四边形面片"工具按钮 四边形面片 ，在顶视图按下鼠标绘制四边形面片，设置长度为2200，宽度为1600，长度分段为22，宽度分段为16，如图2-79所示。

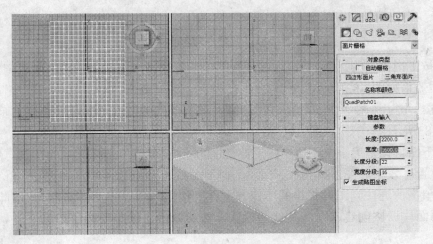

图2-79　绘制四边形面片

（3）选择四边形面片，单击右键，在弹出的菜单中选择"转化为→转化为可编辑的面片"命令，单击"顶点"按钮，切换到顶点编辑模式，如图2-80所示。

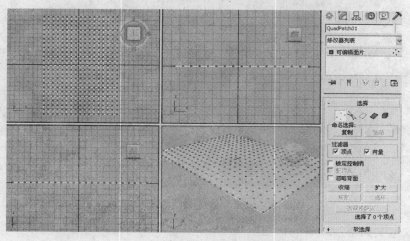

图2-80　顶点编辑模式

（4）单击主工具栏中的"选择并移动"按钮，在前视图中选择除四条边之外的所有顶点，然后向上移动顶点，从而产生床的高度，具体效果如图2-81所示。

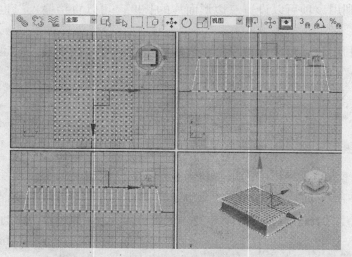

图2-81　调整得到床的高度

（5）按下键盘上的"Ctrl"键，在顶视图中任意选择床上几个顶点，然后调整顶点的高度，调整后效果如图2-82所示。

（6）按下键盘上的"Ctrl"键，在顶视图中选择间隔的顶点，然后调整选择顶点的位置，效果如图2-83所示。

（7）下面再调整另一个床边。按下键盘上的"Ctrl"键，选择间隔的顶点，然后调整选择顶点的位置，效果如图2-84所示。

（8）单击快速访问工具栏中的"保存文件"按钮，弹出"文件另存为"对话框，文件名为"利用面片栅格创建床"，其他为默认，然后单击"保存"按钮即可。

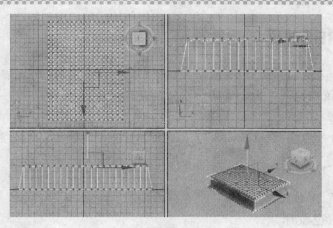

图2-82 调整床上节点

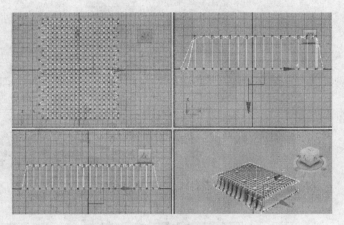

图2-83 调整床两侧节点

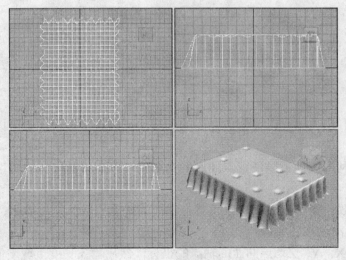

图2-84 调整床尾节点

2.4 利用NURBS曲面创建枕头

在命令面板上单击"创建"按钮 , 显示"创建"命令面板, 然后单击"几何体"按钮 , 然后单击下拉按钮, 在下拉列表中选择"NURBS曲面"命令, 即可看到NURBS曲面工具, 如图2-85所示。

NURBS曲面分为点曲面和CV曲面, 下面来讲解它们的具体使用方法与作用。

2.4.1 点曲面和CV曲面

单击"点曲面"工具按钮 点曲面, 在任一视图中拖动, 即可创建一个点曲面。点曲面参数面板及效果如图2-86所示。

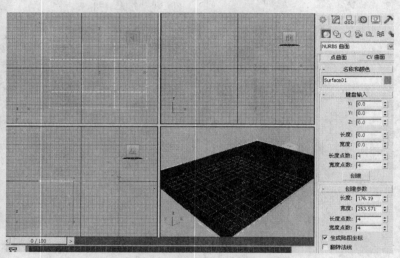

图2-85 NURBS曲面　　　　　　　　　图2-86 点曲面参数面板及效果

主要参数意义如下:

- 名称和颜色: 利用该项可以设置点曲面的颜色和名字, 这个名字在选择物体时相当重要。
- 参数:

(1) 长度: 利用该项可以设置点曲面的长度, 可以直接输入, 也可以利用后面的滚动按钮来改变。

(2) 宽度: 利用该项可以设置点曲面的宽度, 可以直接输入, 也可以利用后面的滚动按钮来改变。

(3) 长度点数、宽度点数: 可以设置点曲面的长度点数、宽度点数, 可以直接输入, 也可以利用后面的滚动按钮来改变。

- 键盘输入: X、Y、Z为点曲面的轴点的坐标, 然后输入长度、宽度值及长度点数、宽度点数, 输入后单击 创建 按钮, 即可产生点曲面。

单击"CV曲面"工具按钮 CV曲面, 在任一视图中拖动, 即可创建一个CV曲面。CV曲面参数面板及效果如图2-87所示。

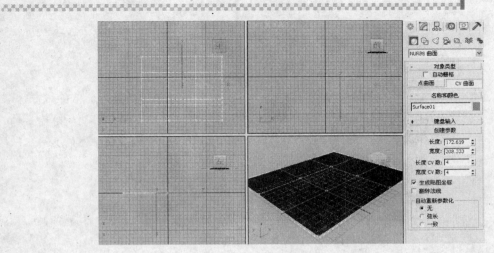

图2-87　CV曲面参数面板及效果

2.4.2　创建枕头

（1）单击快速访问工具栏中的"新建场景"按钮，新建场景。

（2）单击"点曲面"工具按钮　点曲面　，在顶视图按下鼠标绘制点曲面，然后设置长度为400，宽度为250，长度点数和宽度点数都为4，如图2-88所示。

（3）单击"修改"按钮，进入"修改"命令面板，单击"NURBS曲面"前的"+"号，然后选择"点"，如图2-89所示。

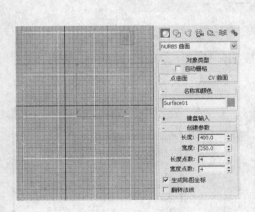

图2-88　点曲面

图2-89　点曲面的点修改

（4）按下键盘上的"Ctrl"键，选择中间的节点，然后单击主工具栏中的"选择并移动"按钮，在前视图中向上移动顶点，就产生枕头一侧效果，如图2-90所示。

（5）单击主工具栏中的"镜像"按钮，弹出"镜像"对话框，设置镜像轴为"Z"，偏移距离为0，"克隆当前选择"为"复制"，如图2-91所示。

（6）设置好各项参数后，单击"确定"按钮，这样枕头就制作完成了。

（7）下面合并前面制作的床。单击菜单栏中的　　按钮，在弹出菜单中单击"合并→合并"命令，弹出"合并文件"对话框，选择"利用面片栅格创建床"，如图2-92所示。

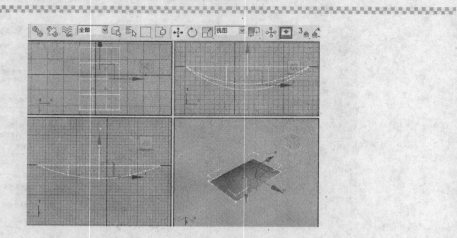

图2-90　调整枕头的高度

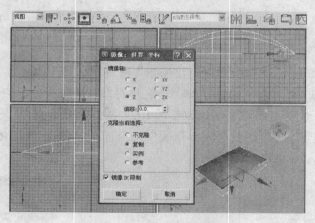

图2-91　"镜像"对话框

（8）选择要合并的文件后，单击"打开"按钮，弹出"合并"对话框，然后单击"全部"按钮，即选择所有的内容，如图2-93所示。

图2-92　"合并文件"对话框

图2-93　"合并"对话框

（9）单击"确定"按钮，就把前面制作的床与枕头合并起来。然后调整枕头的位置，效果如图2-94所示。

（10）按下键盘上的"Shift"键，复制一个枕头，然后调整其位置。选择透视图，然后按下键盘上的"F9"键，就可以看到合并后的渲染效果，如图2-95所示。

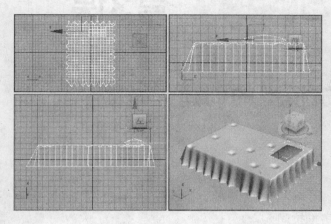

图2-94 合并后效果

图2-95 渲染效果

（8）单击快速访问工具栏中的"保存文件"按钮，弹出"文件另存为"对话框，文件名为"利用NURBS曲面创建枕头"，其他为默认，然后单击"保存"按钮即可。

本课习题

填空题

（1）3ds Max直接创建三维对象的工具包括_____部分，分别是_____、_____、_____、_____、_____、_____、_____、_____。

（2）面片是_____，面片建模的特点是_____。

（3）用鼠标拖动一次即可完成的基本三维造型有_____种，分别是_____、_____、_____。

上机操作

（1）利用三维造型工具制作酒柜效果，如图2-96所示。

（2）利用三维造型工具制作茶几效果，如图2-97所示。

图2-96 酒柜效果

图2-97 茶几效果

第3课

常见建筑模型的创建

本课知识结构及就业达标要求

本课知识结构具体如下：

- 枢轴门、推拉门和折叠门
- 利用门建模工具创建卧室门和厨房推拉门
- 遮篷式窗、平开窗和固定窗
- 旋开窗、伸出式窗和推拉窗
- 利用窗建模工具创建客厅窗户
- **L型楼梯、U型楼梯、直线楼梯和螺旋楼梯**
- 植物、栏杆和墙
- 利用AEC扩展工具创建阳台

本课讲解3ds Max常见建筑模型的创建，如墙、门、窗、楼梯和栏杆，并且通过具体实例进行剖析讲解。通过本课的学习，掌握3ds Max常见建筑模型的创建方法，从而设计制作出专业级的三维模型。

3.1 利用门建模工具创建卧室门和厨房推拉门

图3-1 门建模工具

在命令面板上单击"创建"按钮，显示"创建"命令面板，然后单击"几何体"按钮，然后单击下拉按钮，在下拉列表中选择"门"选项，即可看到门建模工具，如图3-1所示。

各门建模工具的作用如下：

- 枢轴门：用来创建枢轴门造型。
- 推拉门：用来创建推拉门造型。
- 折叠门：用来创建折叠门造型。

3.1.1 枢轴门、推拉门和折叠门

单击"枢轴门"工具按钮 枢轴门 ，在视图中单击拖动产生枢轴门的宽度，再单击拖动产生枢轴门的深度，再单击拖动产生枢轴门的高度，参数面板如图3-2所示。

主要参数意义如下：

- 名称和颜色：利用该项可以设置枢轴门的颜色和名字，这个名字在选择物体时相当重要。

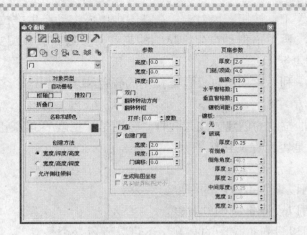

图3-2 枢轴门参数面板

- 创建方法：枢轴门的创建方法共两种，分别是：宽度/深度/高度，宽度/高度/深度。并且可以设置是否允许侧柱倾斜。
- 参数：

（1）深度：可以设置枢轴门的深度。

（2）宽度：可以设置枢轴门的宽度。

（3）高度：可以设置枢轴门的高度。还可以设置是否是双门、是否翻转转动方向、是否翻转转枢。还可以进一步设置门打开的度数。

（4）门框：在这里可以设置是否要门框，如果要门框，还可以进一步设置门框的深度、宽度、门偏移量。

- 页扇参数：可以设置枢轴门的页扇厚度、顶梁与底梁厚度、水平与垂直窗格数、镶板间距。
- 镶板：可以设置枢轴门是否带有镶板，如果带镶板，该镶板是带有玻璃，还是带有倒角。如果带有玻璃，可以设置玻璃的厚度；如果带有倒角，可以设置倒角角度、厚度1、厚度2、中间厚度、宽度1、宽度2。

各种枢轴门效果如图3-3所示。

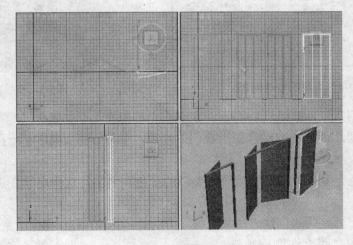

图3-3 各种枢轴门效果

单击"推拉门"工具按钮 ▁推拉门▁ ，在视图中单击拖动产生推拉门的宽度，再单击拖动产生推拉门的深度，再单击拖动产生推拉门的高度，参数面板如图3-4所示。

主要参数意义如下：

- 名称和颜色：利用该项可以设置推拉门的颜色和名字，这个名字在选择物体时相当重要。

- 创建方法：推拉门的创建方法共两种，分别是：宽度/深度/高度，宽度/高度/深度。并且可以设置是否允许侧柱倾斜。

- 参数：

（1）深度：可以设置推拉门的深度。

（2）宽度：可以设置推拉门的宽度。

（3）高度：可以设置推拉门的高度。还可以设置是否是双门、是否翻转转动方向、是否翻转转枢。还可以进一步设置门打开的度数。

（4）门框：在这里可以设置是否要门框，如果要门框，还可以进一步设置门框的深度、宽度、门偏移量。

- 页扇参数：可以设置推拉门的页扇厚度、顶梁与底梁厚度、水平与垂直窗格数、镶板间距。

- 镶板：可以设置推拉门是否带有镶板，如果带镶板，该镶板是带有玻璃，还是带有倒角。如果带有玻璃，可以设置玻璃的厚度；如果带有倒角，可以设置倒角角度、厚度1、厚度2、中间厚度、宽度1、宽度2。

推拉门效果如图3-5所示。

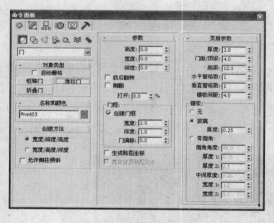

图3-4　推拉门参数面板

图3-5　推拉门效果

单击"折叠门"工具按钮 ▁折叠门▁ ，在视图中单击拖动产生折叠门的宽度，再单击拖动产生折叠门的深度，再单击拖动产生折叠门的高度，参数面板如图3-6所示。

主要参数意义如下：

- 名称和颜色：利用该项可以设置折叠门的颜色和名字，这个名字在选择物体时相当重要。

- 创建方法：折叠门的创建方法共两种，分别是：宽度/深度/高度，宽度/高度/深度。并且可以设置是否允许侧柱倾斜。

· 参数：

（1）深度：可以设置折叠门的深度。

（2）宽度：可以设置折叠门的宽度。

（3）高度：可以设置折叠门的高度。还可以设置是否是双门、是否翻转转动方向、是否翻转转枢。还可以进一步设置门打开的度数。

（4）门框：在这里可以设置所绘制的门是否带门框，如果带门框，还可以进一步设置门框的深度、宽度、门偏移量。

· 页扇参数：可以设置折叠门的页扇厚度、顶梁与底梁厚度、水平与垂直窗格数、镶板间距。

· 镶板：可以设置折叠门是否带有镶板，如果带镶板，该镶板是带有玻璃，还是带有倒角。如果带有玻璃，可以设置玻璃的厚度；如果带有倒角，可以设置倒角角度、厚度1、厚度2、中间厚度、宽度1、宽度2。

折叠门效果如图3-7所示。

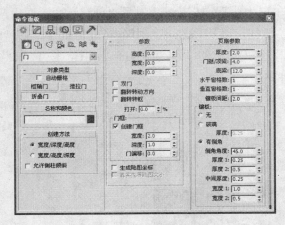

图3-6　折叠门参数面板

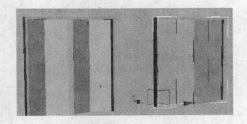

图3-7　折叠门效果

3.1.2　创建卧室门和厨房推拉门

（1）单击快速访问工具栏中的"新建场景"按钮，新建场景。

（2）先来制作房子的框架。单击"长方体"工具按钮　长方体，在顶视图中绘制长方体，设置其长度为8000，宽度为6000，高度为240，如图3-8所示。

（3）同理，再绘制一个长方体，设置其长度为240，宽度为6000，高度为3480，调整其位置后如图3-9所示。

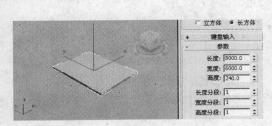

图3-8　绘制长方体

图3-9　房子的一侧墙体

（4）按下键盘上的"Shift"键，复制刚绘制的长方体，调整其位置后如图3-10所示。

（5）同理利用长方体绘制卧室的其他墙体，调整各墙体位置后，效果如图3-11所示。

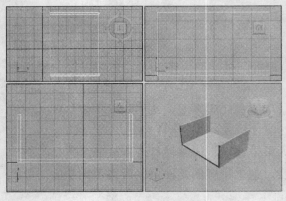

图3-10　复制长方体　　　　　　　　　　　图3-11　房子的外观

（6）下面来布局摄影机。在命令面板上单击"创建"按钮，显示"创建"命令面板，然后单击"摄影机"按钮，再单击　目标　按钮，就可以在视图中布局摄影机了。

（7）在顶视图中按下鼠标进行拖动，然后调整摄影机的位置，再选择透视图，按下"C"键，就可以看到摄影机视图效果，如图3-12所示。

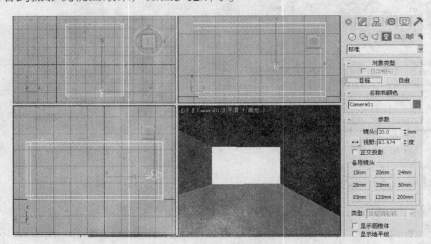

图3-12　摄影机视图

（8）下面来布局灯光。在命令面板上单击"创建"按钮，显示"创建"命令面板，然后单击"灯光"按钮，再单击　泛光灯　按钮，在视图中单击，再调整灯光的位置，如图3-13所示。

（9）选择摄影机视图，按"F9"键，渲染效果如图3-14所示。

（10）单击"长方体"工具按钮　长方体　，在顶视图绘制长方体，设置其长度为3000，宽度为240，高度为3480，如图3-15所示。

（11）同理，再绘制一个长方体，从而把房子进行空间分隔，设置其长度为240，宽度为2200，高度为3480，如图3-16所示。

（12）制作门效果。单击"长方体"工具按钮　长方体　，在顶视图上绘制长方体，设置其长度为600，宽度为800，高度为2300，如图3-17所示。

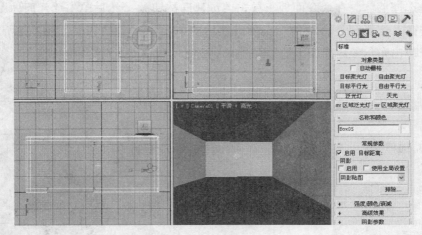

图3-13　添加灯光

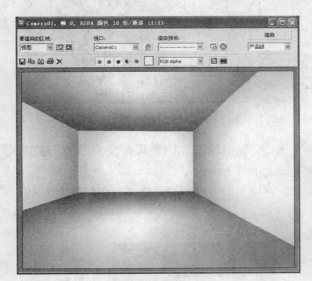

图3-14　渲染效果

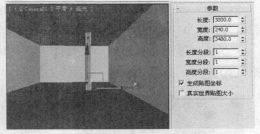

图3-15　绘制长方体

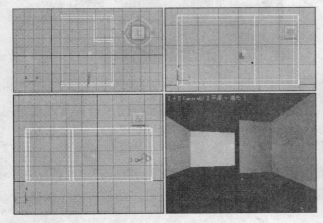

图3-16　把房子进行空间分隔

图3-17　绘制长方体

　　（13）选择墙体，在命令面板上单击"创建"按钮 ✿，然后单击"几何体"按钮 ◯，再单击下拉按钮，选择"复合对象"选项，然后单击 布尔 按钮，如图3-18所示。

　　（14）单击布尔参数面板中的 拾取操作对象B 按钮，然后单击刚绘制的长方体，效果如图3-19所示。

图3-18　布尔参数面板

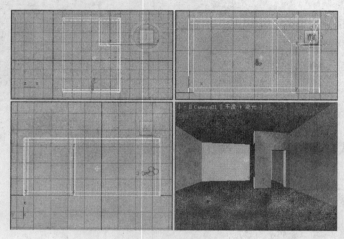

图3-19　布尔运算效果

　　（15）单击"枢轴门"工具按钮 枢轴门 ，绘制枢轴门，设置其高度为2300，宽度为820，深度为280，打开度数为60，并翻转转枢，如图3-20所示。

　　（16）单击"长方体"工具按钮 长方体 ，在顶视图上绘制长方体，设置其长度为240，宽度为3700，高度为800，如图3-21所示。

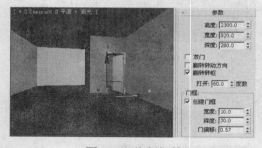

图3-20　绘制枢轴门

图3-21　绘制长方体

　　（17）绘制推拉门。单击"推拉门"工具按钮 推拉门 ，绘制推拉门，设置其高度为2300，宽度为3600，深度为240，打开度数为50。选择摄影机视图，按"F9"键，渲染效果如图3-22所示。

　　（18）单击快速访问工具栏中的"保存文件"按钮 🖫，弹出"文件另存为"对话框，文件名为"利用门建模工具创建卧室门和厨房推拉门"，其他为默认设置，然后单击"保存"按钮即可。

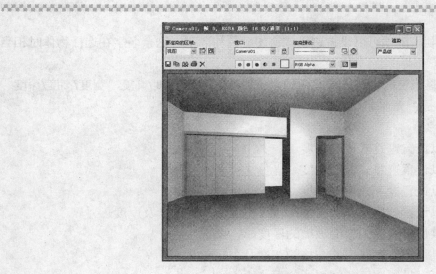

图3-22 卧室门和厨房推拉门渲染效果

3.2 利用窗建模工具创建客厅窗户

在命令面板上单击"创建"按钮 ，显示"创建"命令面板，然后单击"几何体"按钮 ，然后单击下拉按钮，在下拉列表中选择"窗"选项，即可看到窗建模工具，如图3-23所示。

各窗建模工具的作用如下：

· 遮篷式窗：用来创建遮篷式窗造型。

· 平开窗：用来创建平开窗造型。

· 固定窗：用来创建固定窗造型。

· 旋开窗：用来创建旋开窗造型。

· 伸出式窗：用来创建伸出式窗造型。

· 推拉窗：用来创建推拉窗造型。

3.2.1 遮篷式窗、平开窗和固定窗

单击"遮篷式窗"工具按钮 遮篷式窗 ，在视图中单击拖动产生遮篷式窗的宽度，再单击拖动产生遮篷式窗的深度，再单击拖动产生遮篷式窗的高度，参数面板如图3-24所示。

图3-23 窗建模工具

图3-24 遮篷式窗参数面板

主要参数意义如下：

- 名称和颜色：利用该项可以设置遮篷式窗的颜色和名字，这个名字在选择物体时相当重要。
- 创建方法：遮篷式窗的创建方法共两种，分别是：宽度/深度/高度，宽度/高度/深度。并且可以设置是否允许非垂直侧柱。
- 参数：

（1）深度：可以设置遮篷式窗的深度。

（2）宽度：可以设置遮篷式窗的宽度。

（3）高度：可以设置遮篷式窗的高度。

（4）窗框：可以设置遮篷式窗的窗框的水平宽度、垂直宽度及厚度。

（5）玻璃：可以设置遮篷式窗的玻璃的厚度。

（6）窗格：可以设置遮篷式窗的窗格的宽度及个数。

（7）打开窗：可以设置遮篷式窗打开的百分比。

遮篷式窗效果如图3-25所示。

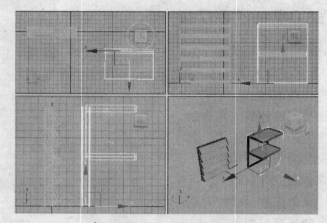

图3-25　遮篷式窗效果

单击"平开窗"工具按钮 平开窗 ，在视图中单击拖动产生平开窗的宽度，再单击拖动产生平开窗的深度，再单击拖动产生平开窗的高度，平开窗参数面板及效果如图3-26所示。

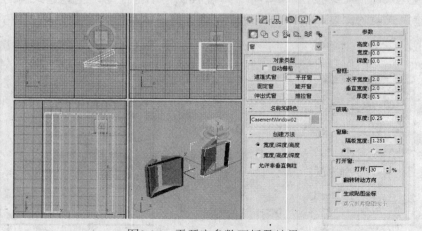

图3-26　平开窗参数面板及效果

平开窗各参数意义同遮篷式窗几乎相同，这里不再重复。

单击"固定窗"工具按钮 固定窗 ，在视图中单击拖动产生固定窗的宽度，再单击拖动产生固定窗的深度，再单击拖动产生固定窗的高度，固定窗参数面板及效果如图3-27所示。

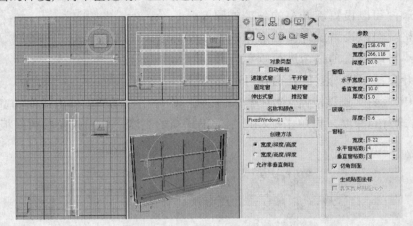

图3-27 固定窗参数面板及效果

固定窗各参数意义同遮篷式窗几乎相同，这里不再重复。

3.2.2 旋开窗、伸出式窗和推拉窗

单击"旋开窗"工具按钮 旋开窗 ，在视图中单击拖动产生旋开窗的宽度，再单击拖动产生旋开窗的深度，再单击拖动产生旋开窗的高度，旋开窗参数面板及效果如图3-28所示。

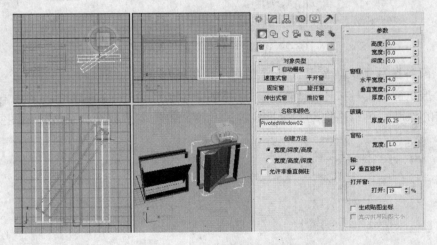

图3-28 旋开窗参数面板及效果

主要参数意义如下：

· 名称和颜色：利用该项可以设置旋开窗的颜色和名字，这个名字在选择物体时相当重要。

· 创建方法：旋开窗的创建方法共两种，分别是：宽度/深度/高度，宽度/高度/深度。并且可以设置是否允许非垂直侧柱。

· 参数：·

（1）深度：可以设置旋开窗的深度。

（2）宽度：可以设置旋开窗的宽度。

（3）高度：可以设置旋开窗的高度。

（4）窗框：可以设置旋开窗的窗框的水平宽度、垂直宽度及厚度。

（5）玻璃：可以设置旋开窗的玻璃的厚度。

（6）窗格：可以设置旋开窗的窗格的宽度和高度。

（7）轴：可以设置轴是否进行垂直旋转。

（8）打开窗：可以设置旋开窗打开的百分比。

单击"伸出式窗"工具按钮 伸出式窗 ，在视图中单击拖动产生伸出式窗的宽度，再单击拖动产生伸出式窗的深度，再单击拖动产生伸出式窗的高度，伸出式窗参数面板及效果如图3-29所示。

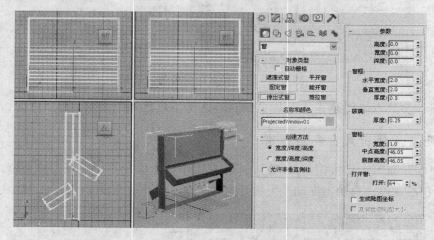

图3-29　伸出式窗参数面板及效果

伸出式窗各参数意义同旋开窗几乎相同，这里不再重复。

单击"推拉窗"工具按钮 推拉窗 ，在视图中单击拖动产生推拉窗的宽度，再单击拖动产生推拉窗的深度，再单击拖动产生推拉窗的高度，推拉窗参数面板及效果如图3-30所示。

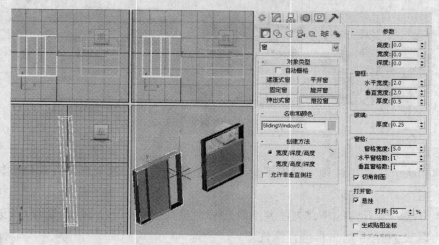

图3-30　推拉窗参数面板及效果

推拉窗各参数意义同旋开窗几乎相同，这里不再重复。

3.2.3 创建客厅窗户

（1）单击快速访问工具栏中的"打开文件"按钮 📂，弹出"打开文件"对话框，如图3-31所示。

（2）选择要打开的文件后，单击"打开"按钮，就可以打开文件，如图3-32所示。

图3-31 "打开文件"对话框

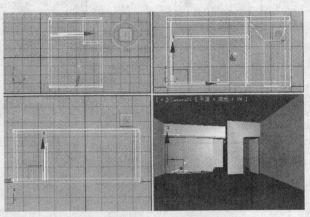

图3-32 打开文件

（3）单击"长方体"工具按钮 长方体 ，在顶视图上绘制长方体，设置其长度为1800，宽度为900，高度为1800，如图3-33所示。

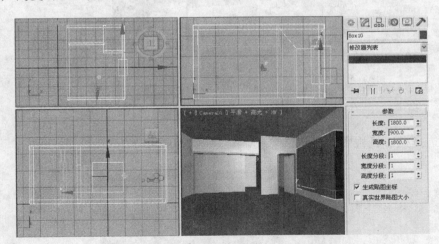

图3-33 绘制长方体

（4）选择右侧的墙体，在命令面板上单击"创建"按钮 ❀，然后单击"几何体"按钮 ◎，再单击下拉按钮，选择"复合对象"选项，然后单击 布尔 按钮，布尔参数面板如图3-34所示。

（5）单击布尔参数面板中的 拾取操作对象B 按钮，然后单击刚绘制的长方体，这时效果如图3-35所示。

（6）单击"遮篷式窗"工具按钮 遮篷式窗 ，绘制一个遮篷式窗，设置高度和宽度为1800，深度为240，打开角度为60度，如图3-36所示。

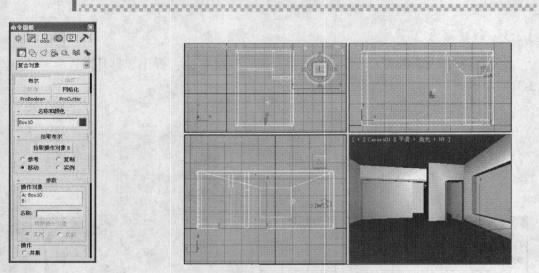

图3-34　布尔参数面板　　　　　　　　　　图3-35　布尔运算后效果

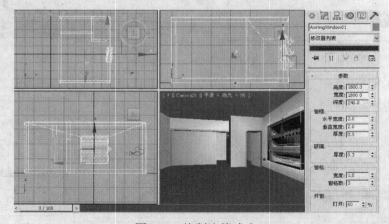

图3-36　绘制遮篷式窗

（7）选择摄影机视图，按"F9"键，渲染效果如图3-37所示。

图3-37　渲染效果

（8）单击快速访问工具栏中的"保存文件"按钮，弹出"文件另存为"对话框，文件名为"利用窗建模工具创建客厅窗"，其他为默认设置，然后单击"保存"按钮即可。

3.3 楼梯的创建

在命令面板上单击"创建"按钮，显示"创建"命令面板，然后单击"几何体"按钮，然后单击下拉按钮，在下拉列表中选择"楼梯"选项，即可看到楼梯建模工具，如图3-38所示。

各楼梯建模工具的作用如下：

- L型楼梯：用来创建L型楼梯造型。
- U型楼梯：用来创建U型楼梯造型。
- 直线楼梯：用来创建直线楼梯造型。
- 螺旋楼梯：用来创建螺旋楼梯造型。

3.3.1 L型楼梯和U型楼梯

单击"L型楼梯"工具按钮 _L型楼梯_ ，在视图中单击拖动产生L型楼梯的一段，再单击拖动产生L型楼梯的另一段，再单击拖动产生L型楼梯的高度，参数面板如图3-39所示。

图3-38 楼梯建模工具

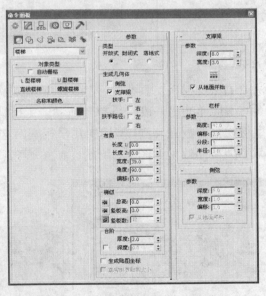

图3-39 L型楼梯的参数面板

主要参数意义如下：

- 名称和颜色：利用该项可以设置L型楼梯的颜色和名字，这个名字在选择物体时相当重要。
- 参数：

（1）类型：L型楼梯共三种，开放式、封闭式、落地式。

（2）生成几何体：在这里可以设置L型楼梯是否带侧弦、是否有扶手、是否带支撑梁，并且可以设置扶手和扶手路径的左右方向。

（3）布局：可以设置两段楼梯的长度1、长度2、宽度、角度、偏移量。

（4）楼级：可以设置L型楼梯的总高、竖板高、竖板数。

（5）台阶：可以设置L型楼梯的厚度与深度。

- 支撑梁：可以设置L型楼梯支撑梁的高度和宽度及是否从地面开始。单击 ▦ 按钮，弹出"支撑梁间距"对话框，如图3-40所示。

- 栏杆：可以设置L型楼梯栏杆的高度、偏移、分段、半径。

- 侧弦：可以设置L型楼梯侧弦的深度、宽度、偏移。

各种L型楼梯效果如图3-41所示。

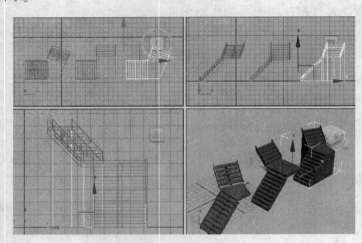

图3-40　支撑梁间距对话框　　　　　　　　　　图3-41　各种L型楼梯效果

单击"U型楼梯"工具按钮 ▭ U型楼梯 ▭，在视图中单击拖动产生U型楼梯的一段，再单击拖动产生U型楼梯的另一段，再单击拖动产生U型楼梯的高度，参数面板如图3-42所示。

U型楼梯各参数意义同L型楼梯几乎相同，这里不再重复，具体见L型楼梯。

各种U型楼梯效果如图3-43所示。

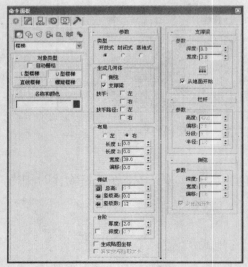

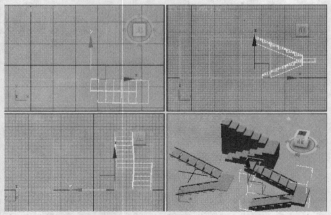

图3-42　U型楼梯参数面板　　　　　　　　　　图3-43　各种U型楼梯效果

3.3.2　直线楼梯和螺旋楼梯

单击"直线楼梯"工具按钮 [直线楼梯]，在视图中单击拖动产生直线楼梯的一段，再单击拖动产生直线楼梯的宽度，再单击拖动产生直线楼梯的高度，其参数面板如图3-44所示。

直线楼梯各参数意义同L型楼梯几乎相同，这里不再重复，具体见L型楼梯。

各种直线楼梯效果如图3-45所示。

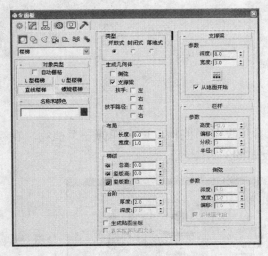

图3-44　直线楼梯参数面板

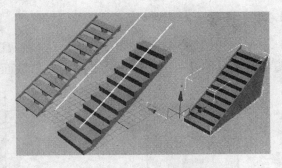

图3-45　各种直线楼梯效果

单击"螺旋楼梯"工具按钮 [螺旋楼梯]，在视图中单击拖动产生螺旋楼梯造型，再单击拖动产生螺旋楼梯的高度，其参数面板如图3-46所示。

螺旋楼梯各参数意义同L型楼梯几乎相同，这里不再重复，具体见L型楼梯。

各种螺旋楼梯效果如图3-47所示。

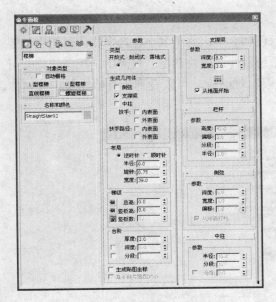

图3-46　螺旋楼梯参数面板

图3-47　各种螺旋楼梯效果

3.4　利用AEC扩展工具创建阳台

在命令面板上单击"创建"按钮，显示"创建"命令面板，单击"几何体"按钮，然后单击下拉按钮，在下拉列表中选择"AEC扩展"选项，即可看到AEC扩展工具，如图3-48所示。

各AEC扩展工具的作用如下：
- 植物：用来创建各种植物造型。
- 栏杆：用来创建各种栏杆造型。
- 墙：用来创建墙体造型。

3.4.1　植物、栏杆和墙

单击"植物"工具按钮 植物 ，就可以看到收藏的植物，单击任何一个植物，在视图中拖动鼠标就可以产生植物造型，其参数面板如图3-49所示。

图3-48　AEC扩展工具

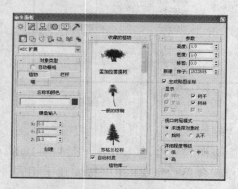

图3-49　植物参数面板

主要参数意义如下：
- 名称和颜色：利用该项可以设置植物的颜色和名字，这个名字在选择物体时相当重要。
- 收藏的植物：在列表框中有各种植物，想绘制什么植物造型，只需单击相应植物即可。

单击"植物库"按钮，弹出"配置调色板"对话框，可以看到所有植物及相关属性，如名称、类型、描述等，如图3-50所示。

图3-50　"配置调色板"对话框

・参数：

（1）高度：利用该项可以设置植物的高度，可以直接输入，也可以利用后面的滚动按钮来改变。

（2）密度：利用该项可以设置植物的密度，可以直接输入，也可以利用后面的滚动按钮来改变。

（3）修剪：利用该项可以设置植物枝节的多少，可以直接输入，也可以利用后面的滚动按钮来改变。

（4）显示：利用该项可以设置显示植物的哪些部分，共有下面几种：树叶、树干、果实、树枝、花、根。勾选对应项前面的复选框，则显示，取消勾选，则不显示。

（5）视口树冠模式：共有三种模式——未选择对象时、始终、从不。默认模式为"未选择对象时"，在该模式下，选择植物时，以植物造型显示，不选择时，以树冠显示。在"始终"模式下，植物总是以树冠显示，在"从不"模式下，植物总是以植物造型显示。

（6）详细程度等级：共分为高、中、低三级。详细程度等级越高，看到的植物效果越明显，但在计算机中所占存储空间越大。

・键盘输入：X、Y、Z为植物造型的中心，输入后单击　创建　按钮，即可产生植物造型。

不同植物造型效果如图3-51所示。

不同参数的同一植物造型效果如图3-52所示。

图3-51　不同植物造型效果　　　　图3-52　不同参数的同一植物造型效果

单击"栏杆"工具按钮　栏杆　，在视图中单击拖动产生栏杆长度，再单击拖动产生栏杆的高度，其参数面板如图3-53所示。

主要参数意义如下：

・名称和颜色：利用该项可以设置栏杆的颜色和名字，这个名字在选择物体时相当重要。

・栏杆：

（1）分段：该参数要与　拾取栏杆路径　按钮一起使用，设置栏杆的段数。可以直接输入，也可以利用后面的滚动按钮来改变。

（2）长度：利用该项可以设置栏杆的长度，可以直接输入，也可以利用后面的滚动按钮来改变。

（3）上围栏：可以设置上围栏的剖面、深度、宽度、高度。剖面形状共有三种：无、圆形、方形。

（4）下围栏：可以设置下围栏的剖面、深度、宽度。剖面形状共有三种：无、圆形、方形。

（5）单击"下围栏间距"按钮 ，弹出"下围栏间距"对话框，如图3-54所示。

图3-53　栏杆参数面板　　　　　　图3-54　"下围栏间距"对话框

• 立柱：

（1）剖面：利用该项可以设置栏杆立柱的剖面，剖面形状共有三种：无、圆形、方形。

（2）深度：利用该项可以设置栏杆立柱的深度，可以直接输入，也可以利用后面的滚动按钮来改变。

（3）宽度：利用该项可以设置栏杆立柱的宽度，可以直接输入，也可以利用后面的滚动按钮来改变。

（4）延长：利用该项可以设置栏杆立柱的延长量，可以直接输入，也可以利用后面的滚动按钮来改变。

图3-55　"立柱间距"
对话框

（5）单击"立柱间距"按钮 ，弹出"立柱间距"对话框，如图3-55所示。

• 栅栏：

（1）类型：栏杆的栅栏类型共有三种：无、支柱、实体填充。

（2）如果栅栏的类型为支柱，则可以设置栅栏的剖面、深度、宽度、延长、底部偏移。可以直接输入，也可以利用后面的滚动按钮来改变。

（3）如果栅栏的类型为实体填充，则可以设置实体的厚度、顶部偏移、底部偏移、左偏移、右偏移。可以直接输入，也可以利用后面的滚动按钮来改变。

各种栏杆效果，如图3-56所示。

单击"墙"工具按钮 墙 ，在视图中单击拖动产生墙，墙参数面板及效果如图3-57所示。

主要参数意义如下：

• 名称和颜色：利用该项可以设置墙的颜色和名字，这个名字在选择物体时相当重要。

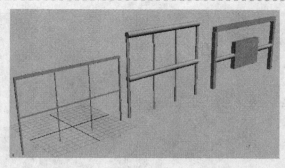

图3-56 各种栏杆效果

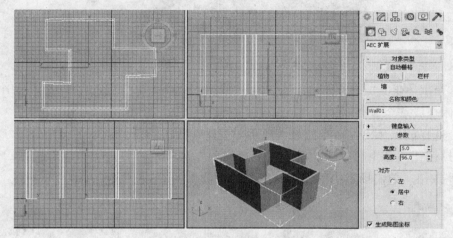

图3-57 墙参数面板及效果

• 参数：

（1）宽度：利用该项可以设置墙的宽度，可以直接输入，也可以利用后面的滚动按钮来改变。

（2）高度：利用该项可以设置墙的高度，可以直接输入，也可以利用后面的滚动按钮来改变。

（3）对齐：利用该项可以设置墙的对齐方式，共有三种：左、居中、右。

3.4.2 创建阳台

（1）单击快速访问工具栏中的"新建场景"按钮，新建场景。

（2）单击"长方体"工具按钮 长方体 ，在前视图中绘制长方体，设置其长度为3480，宽度为7800，高度为240，如图3-58所示。

（3）同理在前视图中再绘制两个长方体，调整它们的位置后效果如图3-59所示。

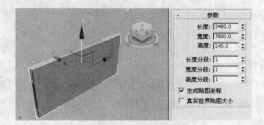

图3-58 绘制长方体

（4）下面进行布尔运算，在布尔运算前，先把两个小长方体结合成一个复合对象。选择一个小长方体，单击右键，在弹出的菜单中选择"转换为/转换为可编辑的网格"，这时"修改"命令面板如图3-60所示。

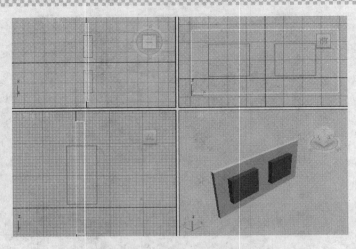

图3-59　再绘制两个长方体

（5）单击"修改"命令面板中的"附加"按钮 附加 ，再单击另一个小长方体，就把两个长方体变成一个复合对象。

（6）选择前墙体，在命令面板上单击"创建"按钮，然后单击"几何体"按钮，再单击下拉按钮，在下拉列表中选择"复合对象"选项，再单击"布尔"按钮，然后单击 拾取操作对象B 按钮，单击场景中的复合对象，这时效果如图3-61所示。

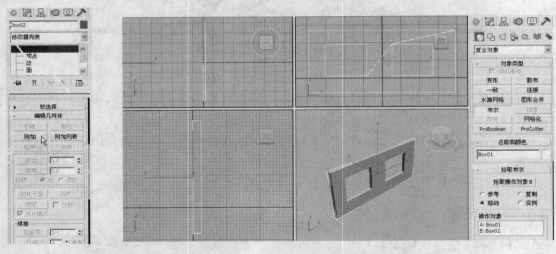

图3-60　"修改"命
令面板

图3-61　布尔运算效果

（7）单击"旋开窗"工具按钮 旋开窗 ，在视图中单击拖动产生旋开窗的宽度，再单击拖动产生旋开窗的深度，再单击拖动产生旋开窗的高度，旋开窗参数设置与效果如图3-62所示。

（8）选择旋开窗，按下键盘上的"Shift"键，复制一个，调整其位置后，如图3-63所示。

（9）选择墙体和旋开窗，按下键盘上的"Shift"键，复制一个，再绘制一个长方体，调整它们的位置后如图3-64所示。

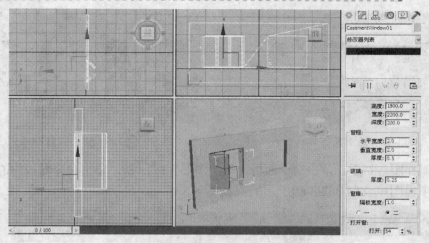

图3-62　旋开窗

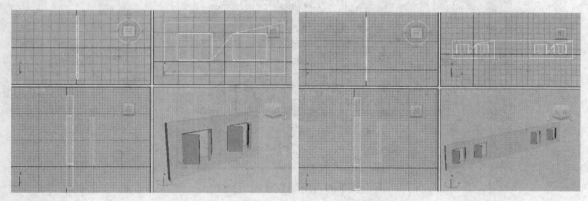

图3-63　复制旋开窗　　　　　　　　　　　　图3-64　复制后的效果

（10）同理，再绘制两个长方体进行布尔运算，如图3-65所示。

（11）单击"推拉门"工具按钮　推拉门　，绘制两个推拉门，调整它们的位置后效果如图3-66所示。

图3-65　布尔运算效果

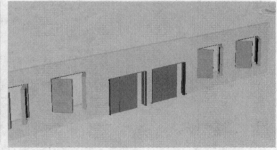

图3-66　推拉门

（12）制作阳台。单击"长方体"工具按钮　长方体　，在前视图中绘制长方体，设置其长度为240，宽度为6500，高度为2200，如图3-67所示。

（13）同理，再绘制一个长方体，调整其位置后如图3-68所示。

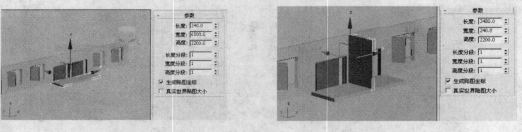

图3-67 绘制长方体 图3-68 阳台隔板

（14）制作阳台扶手。单击命令面板中的"图形"按钮 ⊘，单击命令面板中的 线 工具后，在顶视图中绘制如图3-69所示的直线图形。

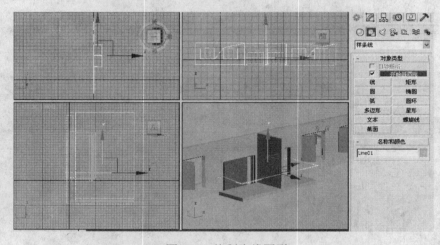

图3-69 绘制直线图形

（15）绘制栏杆。单击"栏杆"工具按钮 栏杆 ，再单击 拾取栏杆路径 按钮，单击直线，并设置"分段"为3，栏杆具体参数设置如图3-70所示。

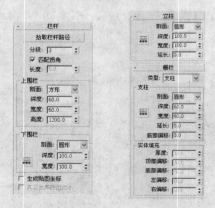

图3-70 栏杆具体参数设置

（16）调整栏杆的位置和大小后效果如图3-71所示。

（17）选择透视图，按"F9"键，就可以看到阳台的渲染效果，如图3-72所示。

（18）单击快速访问工具栏中的"保存文件"按钮 🖫，弹出"文件另存为"对话框，文件名为"利用AEC扩展工具创建阳台"，其他为默认设置，然后单击"保存"按钮即可。

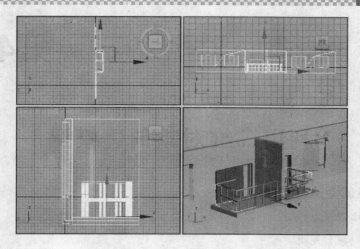

图3-71　阳台栏杆效果

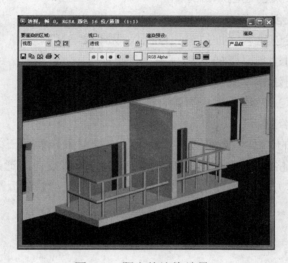

图3-72　阳台的渲染效果

本课习题

填空题

（1）AEC扩展创建工具共有3种，分别是_____、_____、_____。

（2）栏杆在_____命令面板上。

（3）楼梯共有4种，分别是_____、_____、_____、_____。

简答题

（1）简述门的种类，如何绘制门及设置常用调整参数。

（2）简述如何绘制沿路径走的栏杆及设置常用调整参数。

第4课

利用二维对象创建模型

本课知识结构及就业达标要求

本课知识结构具体如下：

- 利用线工具创建心形
- 利用矩形和圆工具创建艺术画框
- 利用其他样条线创建废纸篓
- 利用扩展样条线创建客厅推拉窗、隔断及踢脚线
- 利用挤出工具创建多层楼梯
- 利用倒角工具创建立体五角星
- 利用倒角剖面工具创建艺术小方凳
- 利用车削工具创建台灯

本课讲解3ds Max的二维对象的创建与修改及二维对象转换为三维对象常用的方法与技巧，重点通过实例讲解挤出、倒角、倒角剖面、车削的应用技巧。通过本课的学习，掌握利用二维对象建模的基本方法，从而创建出结构更加复杂的三维模型。

4.1 样条线

单击命令面板上的"图形"按钮⊙，可以看到所有的样条线工具，如图4-1所示。

样条线工具共有11个，分别是线、矩形、圆、椭圆、弧、圆环、多边形、星形、文本、螺旋线、截面。下面分别讲解各种样条线工具的使用方法及编辑技巧。

4.1.1 利用线工具创建心形

单击"线"工具按钮 ____线____ ，在视图中单击，就可以产生线上的一点，再单击产生第二点，多次单击产生线上的不同点。在默认状态下，点与点之间用直线连接，其参数面板如图4-2所示。

主要参数意义如下：

- 名称和颜色：利用该项可以设置线的颜色和名字，这个名字在选择物体时相当重要。
- 创建方法：线的创建方法要注意两点，一是初始类型（鼠标直接单击产生的点），二是拖动类型（单击鼠标产生点，这时不松开鼠标进行拖动）。初始类型的设置有两项，分别是角点和平滑，角点是直线与直线的交点，而平滑是曲线与曲线的交点。拖动类型的设置有3项，分别是角点、平滑、Bezier（贝赛尔），其中Bezier是曲线与直线或曲线与曲线的交点，并且该类型的点可以通过两个线调整柄对曲线弧度进行调整。

图4-1 样条线工具

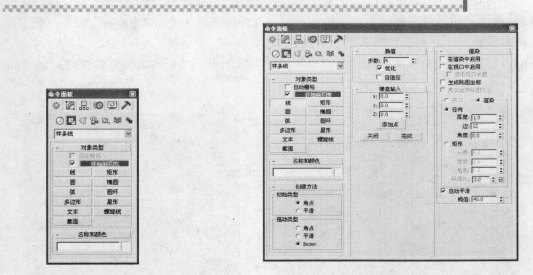

图4-2 直线参数面板

- 插值：通过设置插值，可以优化曲线，插值就是两个点之间关键节点的多少，所以插值越大，曲线越平滑。注意，插值只对曲线起作用。在绘制曲线时，可以选中"自适应"复选框，这样曲线会自动调节插值的多少，使曲线看起来平滑。

- 键盘输入：输入直线的初始点的*X*、*Y*、*Z*坐标值，单击"添加"按钮，就可以创建直线的起始点，再输入直线的第2个点的*X*、*Y*、*Z*坐标值，单击"添加"按钮，就可以创建直线。同理，可以再添加多个点，添加完成后，单击"完成"按钮即可。

- 渲染：在默认状态下，直线在渲染视图中是不可见的。要使直线可见，只需选中"在渲染中启用"复选框即可。并且还可以设置直线的厚度、边数和角度。

下面通过具体实例讲解一下直线的应用。

（1）单击快速访问工具栏中的"新建场景"按钮，新建场景。

（2）单击"线"工具按钮 线 ，在前视图中绘制一个三角形，如图4-3所示。

（3）选择三角形，单击命令面板上的"修改"按钮，进入"修改"命令面板，单击下拉按钮，在下拉列表中选择"编辑样条线"选项，进入编辑样条线修改面板。

（4）在面板上，单击"顶点"按钮，再单击"优化"选项按钮 优化 ，然后将鼠标移动到要增加节点的位置，直接单击即可增加节点，如图4-4所示。

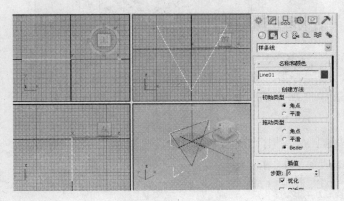

图4-3 绘制三角形

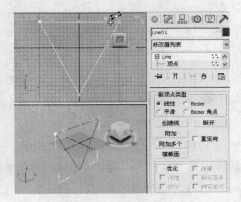

图4-4 增加节点

（5）选择三角形最左侧的节点，单击右键，在弹出菜单中单击"Bezier"命令，把节点转换成贝赛尔点，然后可以调整其弧度，如图4-5所示。

（6）同理，把三角形最右侧的节点也转换成贝赛尔点，然后可以调整其弧度，如图4-6所示。

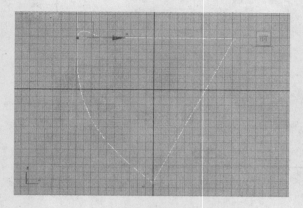

图4-5　转换节点类型并改变其弧度

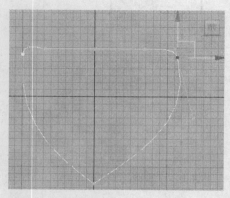

图4-6　调整右侧节点

（7）同理，再调整其他节点，效果如图4-7所示。

（8）默认状态下，心形是无法渲染显示的。选中"在渲染中启用"项，然后选择透视图，按下键盘上的"F9"键，就可以看到心形渲染效果，如图4-8所示。

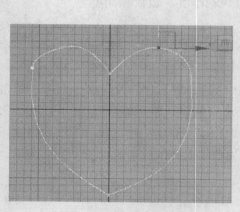

图4-7　心形效果

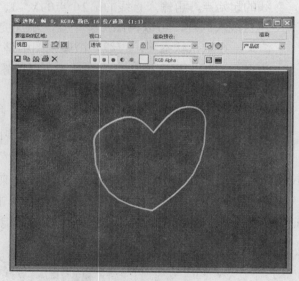

图4-8　心形渲染效果

（9）下面把心形转换成三维图形。选择心形，然后单击"修改"按钮，进入"修改"命令面板，再单击下拉按钮，在下拉列表中选择"倒角"选项，设置倒角高度为30，轮廓为－60，如图4-9所示。

（10）单击主工具栏中的"镜像"按钮，弹出"镜像"对话框，设置镜像轴为"Y"，偏移距离为0，"克隆当前选择"为"复制"，如图4-10所示。

（11）选择透视图，按下键盘上的"F9"键，就可以看到心形渲染效果，如图4-11所示。

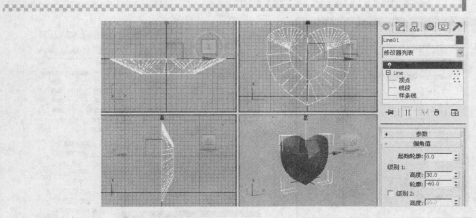

图4-9　把心形转换成三维图形

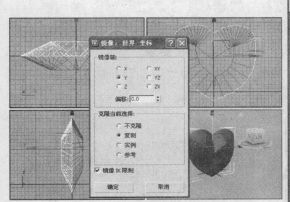

图4-10　"镜像"对话框

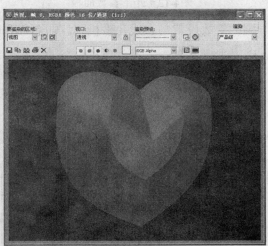

图4-11　心形渲染效果

（12）单击快速访问工具栏中的"保存文件"按钮■，弹出"文件另存为"对话框，文件名为"利用线工具创建心形"，其他为默认设置，然后单击"保存"按钮即可。

4.1.2　利用矩形和圆工具创建艺术画框

单击"矩形"工具按钮　矩形　，按下鼠标左键进行拖动就可以绘制矩形，其参数面板如图4-12所示。

矩形的参数设置与直线几乎相同，即名称和颜色、渲染、插值、创建方法、键盘输入、参数。下面来讲解一下不同的参数的意义。

- 矩形的创建方法有两种：一种是边，另一种是中心。如果设置为"边"，绘制矩形时，鼠标的起点为矩形的两个边的一个交点。如果设置为"中心"，绘制矩形时，鼠标的起点为矩形的中心点。
- 参数：绘制矩形后，可以具体设置矩形的长度、宽度和角半径，圆角矩形如图4-13所示。

单击"圆"工具按钮　圆　，按下鼠标左键进行拖动就可以绘制圆，其参数面板如图4-14所示。

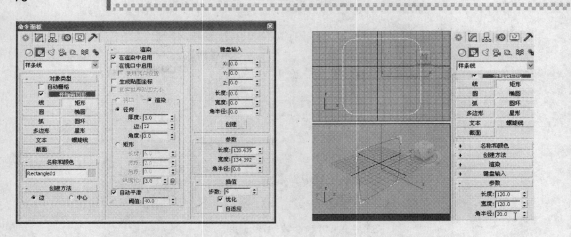

图4-12　矩形参数面板　　　　　　　　　　　图4-13　圆角矩形

　　圆的参数设置与直线几乎相同，即名称和颜色、渲染、插值、创建方法、键盘输入、参数，这里不再重复。

　　下面通过具体实例讲解一下矩形和圆的应用。

　　（1）单击快速访问工具栏中的"新建场景"按钮，新建场景。

　　（2）单击"矩形"工具按钮　矩形　，设置创建方法为"中心"，然后绘制长度为400，宽度为800的矩形，如图4-15所示。

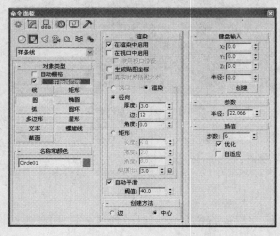

图4-14　圆参数面板　　　　　　　　　　　　图4-15　绘制矩形

　　（3）同理，再绘制一个矩形，设置创建方法为"中心"，长度为360，宽度为740，角半径为50，如图4-16所示。

　　（4）选择倒角矩形，单击右键，在弹出菜单中单击"转换为→转换为可编辑样条"命令，转到"修改"命令面板，然后单击　附加　按钮，再单击另一个矩形，从而把两个矩形变成复合对象，如图4-17所示。

　　（5）下面进行布尔差集运算。单击"样条线"，再单击大矩形，单击"差集"按钮，然后单击"布尔"按钮，单击小矩形，就进行了布尔差集运算，如图4-18所示。

　　（6）单击"圆"工具按钮　圆　，在前视图中绘制半径为20的小圆，如图4-19所示。

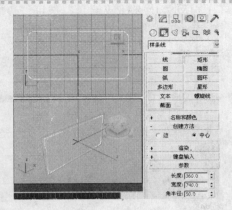

图4-16 绘制倒角矩形

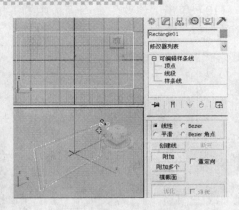

图4-17 两个矩形变成复合对象

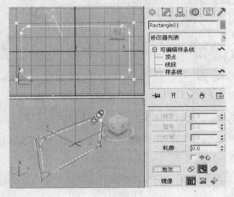

图4-18 布尔差集运算

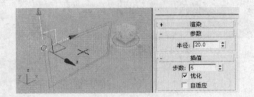

图4-19 绘制小圆

（7）按下键盘上的"Shift"键，复制三个小圆，调整它们的位置后效果如图4-20所示。

（8）选择矩形，单击右键，在弹出菜单中单击"转换为→转换为可编辑样条"命令，转到"修改"命令面板，然后单击　附加　按钮，再单击四个小圆，把它们变成复合对象，如图4-21所示。

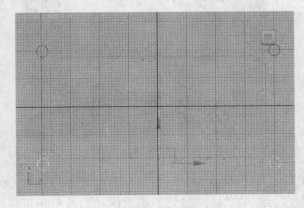

图4-20 复制三个小圆

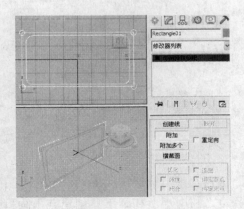

图4-21 附加对象

（9）下面进行布尔并集运算。单击"样条线"，然后单击大矩形，再单击"并集"按钮，然后单击"布尔"按钮，单击四个小圆，就进行了布尔并集运算，如图4-22所示。

（10）单击"修改"命令面板中的下拉按钮，在下拉列表中选择"倒角"选项，设置倒角高度为30，轮廓为－5，如图4-23所示。

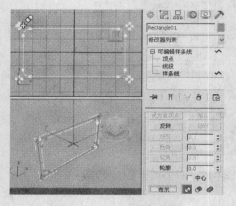

图4-22　布尔并集运算

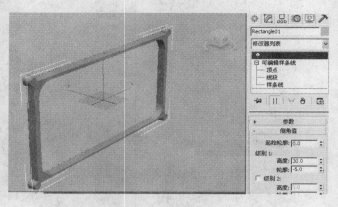

图4-23　倒角效果

图4-24　绘制圆角矩形

（11）单击"矩形"工具按钮　矩形　，设置创建方法为"中心"，然后绘制长度为360，宽度为740的矩形，角半径为50，如图4-24所示。

（12）单击"修改"命令面板中的下拉按钮，在下拉列表中选择"挤出"命令，设置数量为5，如图4-25所示。

（13）选择透视图，按下键盘上的"F9"键，就可以看到艺术画框渲染效果，如图4-26所示。

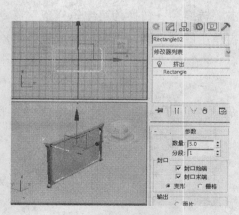

图4-25　挤出效果

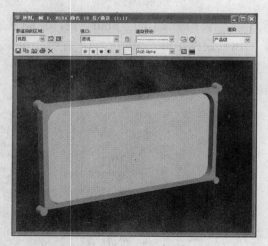

图4-26　艺术画框渲染效果

（14）单击快速访问工具栏中的"保存文件"按钮🖫，弹出"文件另存为"对话框，文件名为"利用矩形和圆工具创建艺术画框"，其他为默认，然后单击"保存"按钮即可。

4.1.3　利用其他样条线创建废纸篓

单击"椭圆"工具按钮　椭圆　，按下鼠标左键进行拖动就可以绘制椭圆，其参数面板如图4-27所示。

椭圆的参数设置与直线几乎相同，即名称和颜色、渲染、插值、创建方法、键盘输入、参数。下面来讲解一下不同的参数的意义。

- 椭圆的创建方法有两种：一种是边，另一种是中心。如果设置为"边"，绘制椭圆时，鼠标的起点为椭圆上的一点。如果设置为"中心"，绘制椭圆时，鼠标的起点为椭圆的中点。

- 在绘制椭圆时，可以设置椭圆的长度与宽度，设置椭圆的长度、宽度分别为100、60，效果如图4-28所示。

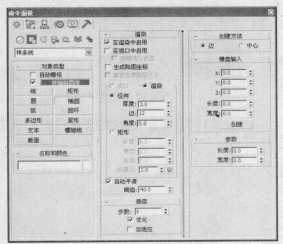

图4-27　椭圆参数面板

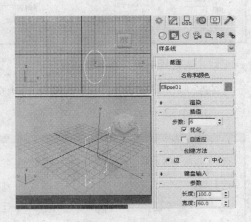

图4-28　绘制椭圆

单击"弧"工具按钮 弧 ，按下鼠标左键进行拖动就可以绘制弧，其参数面板如图4-29所示。

弧的参数设置与直线几乎相同，即名称和颜色、渲染、插值、创建方法、键盘输入、参数。下面来讲解一下不同的参数的意义。

- 弧的创建方法有两种：一种是端点-端点-中央，另一种是中间-端点-端点。如果设置为"端点-端点-中央"，绘制弧时，鼠标的起点为弧的一个端点，移动鼠标单击产生弧的另一个端点，然后再移动并单击鼠标，就可产生弧。如果设置为"中间-端点-端点"，绘制弧时，鼠标的起点为弧的中心，然后通过鼠标的移动并单击确定弧的两个端点。

- 在绘制弧时，可以设置弧的半径、起点度数、终点度数，如果选中"饼形切片"复选框，就会产生封闭的弧形，如图4-30所示。

单击"圆环"工具按钮 圆环 ，按下鼠标左键进行拖动就可以绘制圆环，其参数面板如图4-31所示。

圆环的参数设置与直线几乎相同，即名称和颜色、渲染、插值、创建方法、键盘输入、参数。下面来讲解一下不同的参数的意义。

- 圆环的创建方法有两种：一种是边，另一种是中心。如果设置为"边"，绘制圆环时，鼠标的起点为圆环上的一点。如果设置为"中心"，绘制圆环时，鼠标的起点为圆环的中点。

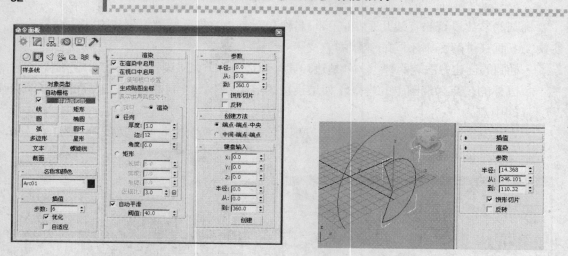

图4-29　弧参数面板

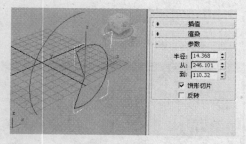

图4-30　弧效果

- 在绘制圆环时，可以设置圆环的两个半径，即半径1和半径2，圆环的参数设置及效果如图4-32所示。

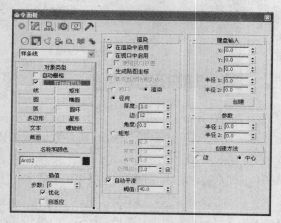

图4-31　圆环参数面板

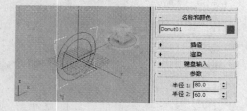

图4-32　圆环效果

单击"多边形"工具按钮  ，按下鼠标左键进行拖动就可以绘制多边形，其参数面板如图4-33所示。

多边形的参数设置与直线几乎相同，即名称和颜色、渲染、插值、创建方法、键盘输入、参数。下面来讲解一下不同的参数的意义。

- 多边形的创建方法有两种：一种是边，另一种是中心。如果设置为"边"，绘制多边形时，鼠标的起点为多边形上的一个顶点。如果设置为"中心"，绘制多边形时，鼠标的起点为多边形内接圆或外接圆的圆心。
- 绘制多边形时，可以设置多边形内接圆或外接圆的半径，也可以设置内接圆或外接圆，还可以设置多边形的边数及角半径值，如图4-34所示。

单击"星形"工具按钮 星形 ，按下鼠标左键进行拖动就可以绘制星形，其参数面板如图4-35所示。

星形的参数设置与直线几乎相同，即名称和颜色、渲染、插值、创建方法、键盘输入、参数。

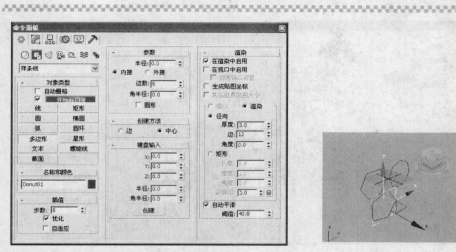

图4-33 多边形参数面板

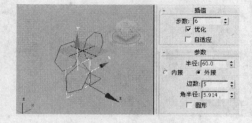

图4-34 多边形效果

下面来讲解一下不同的参数的意义。

- 半径1和半径2：表示星形的两个半径，两个半径的差值越大，星形的造型越尖锐。
- 点：表示星形的顶点数。
- 扭曲：表示星形顶点的扭曲角度，当数值大于零时，将向逆时针方向扭曲，当数值小于零时，则向顺时针方向扭曲。
- 圆角半径1和圆角半径2：表示星形转角处和尖角的圆滑度半径。

各种星形效果如图4-36所示。

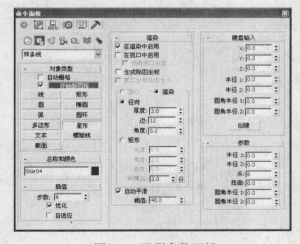

图4-35 星形参数面板

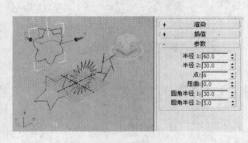

图4-36 星形效果

单击"文本"工具按钮 <u>文本</u> ，在视图中单击即可绘制文本，其参数面板如图4-37所示。

文本的参数设置与直线几乎相同，即名称和颜色、渲染、插值和参数。在"参数"下可以设置文本的内容、文本的类型、文本的格式（如倾斜、下画线、对齐方式）等。还可以设置文本的大小、字间距、行间距。

文本参数设置及效果如图4-38所示。

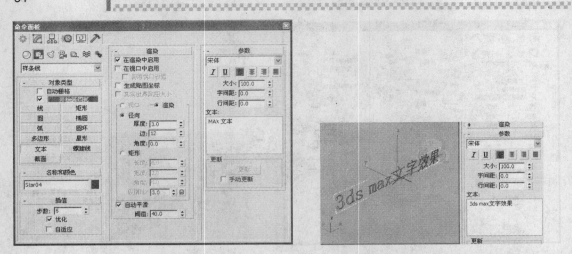

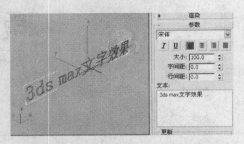

图4-37　文本参数面板　　　　　　　　图4-38　文本参数设置及效果

单击"螺旋线"工具按钮 螺旋线 ，按下鼠标左键进行拖动就可以绘制螺旋线，其参数面板如图4-39所示。

螺旋线的参数设置与直线几乎相同，即名称和颜色、渲染、插值、创建方法、键盘输入、参数。下面来讲解一下不同的参数的意义。

· 半径1和半径2：表示螺旋线的两个圆形的半径。

· 高度：表示螺旋线的高度。

· 圈数：表示螺旋线的总圈数。

· 偏移：表示螺旋线的压缩倾斜量，最大值为1，最小值为－1，通过该参数可以控制螺旋线向端面压缩的性质。

各种螺旋线效果如图4-40所示。

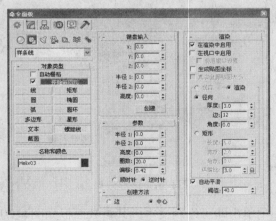

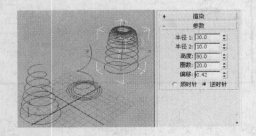

图4-39　螺旋线参数面板　　　　　　　图4-40　螺旋线效果

截面工具的使用方法与前面讲解的工具不同，它通过截取三维物体的剖面而获得二维造型。单击"截面"工具按钮 截面 ，其参数面板如图4-41所示。

下面就以获得茶壶的一个截面为例来讲解一下。

（1）单击"茶壶"按钮 茶壶 ，然后在顶视图中绘制茶壶。

（2）单击"截面"工具按钮 截面 ，然后在顶视图中绘制截面，如图4-42所示。

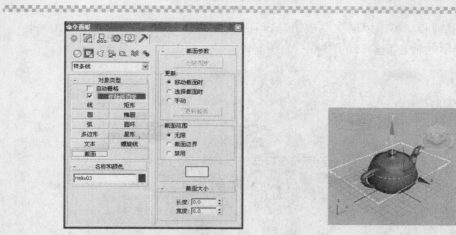

图4-41 截面参数面板

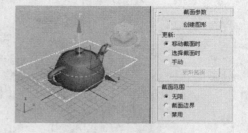

图4-42 绘制截面

（3）调整好截面位置后，单击 创建图形 按钮，弹出"命名截面图形"对话框，如图4-43所示。

（4）单击"确定"按钮，就成功地创建了茶壶截面，然后选择茶壶与截面图形，并按键盘上的"Delete"键进行删除，这时就可以看到已截取的茶壶截面，如图4-44所示。

图4-43 "命名截面图形"对话框

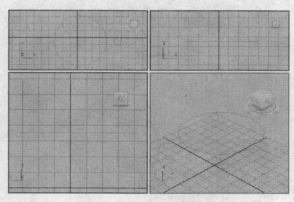

图4-44 茶壶截面

下面通过具体实例讲解一下各样条线工具的应用。

（1）单击快速访问工具栏中的"新建场景"按钮，新建场景。

（2）单击"圆环"工具按钮 圆环 ，在顶视图中绘制圆环，设置半径1和半径2分别为110和90，如图4-45所示。

（3）单击"星形"工具按钮 星形 ，在顶视图中绘制星形，设置半径1和半径2分别为22和12，点数为6，如图4-46所示。

图4-45 绘制圆环

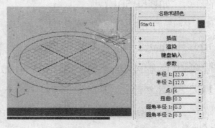

图4-46 绘制星形

（4）调整星形轴心。单击"层次"按钮▣，在"层次"命令面板中单击 仅影响轴 按钮，然后调整星形的轴心到圆环的中心，如图4-47所示。

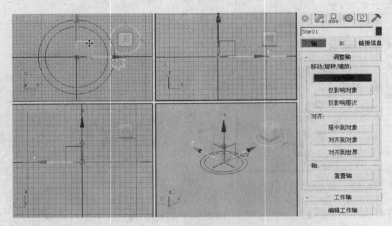

图4-47　调整星形轴心

（5）单击主工具栏中的"选择并旋转"按钮⟳，按下键盘上的"**Shift**"键，进行旋转复制，弹出"克隆选项"对话框，设置"对象"为"实例"，副本数为11个，如图4-48所示。

（6）设置好后，单击"确定"按钮，就可以复制11个星形，效果如图4-49所示。

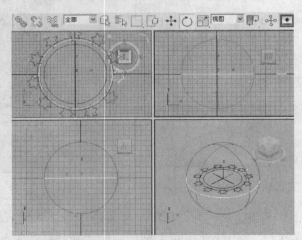

图4-48　"克隆选项"对话框　　　　　图4-49　复制星形效果

（7）进行布尔运算。单击命令面板上的"修改"按钮▣，进入"修改"命令面板，单击下拉按钮，在下拉列表中选择"编辑样条线"选项，进入编辑样条线修改面板。

（8）单击"样条线"按钮ᐱ，单击 附加多个 按钮，弹出"附加多个"对话框，再单击"全选"按钮▣，如图4-50所示。

（9）设置好后，单击"附加"按钮，这样所有二维图形变成一个复合对象。

（10）下面进行布尔差集运算。选择圆环，单击"差集"按钮◈，然后单击"布尔"按钮，进行多次布尔差集运算，最终效果如图4-51所示。

（11）单击"修改"命令面板中的下拉按钮，在下拉列表中选择"挤出"选项，并设置挤出"数量"为260，改变其颜色为深绿色，如图4-52所示。

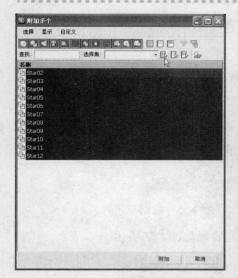

图4-50 "附加多个"对话框

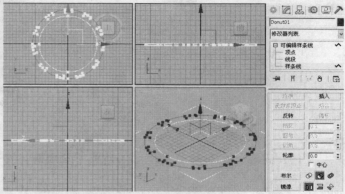

图4-51 多次布尔差集运算效果

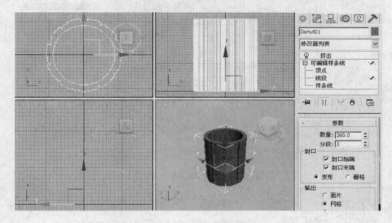

图4-52 挤出效果

（12）单击"多边形"工具按钮 多边形 ，在顶视图绘制15边形，内接圆的半径为120，如图4-53所示。

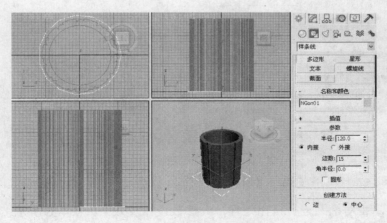

图4-53 绘制多边形

（13）同理，也对多边形进行挤出处理，其参数设置及效果如图4-54所示。

（14）单击"圆环"工具按钮 圆环 ，在顶视图中绘制圆环，设置半径1和半径2分别为125和115，如图4-55所示。

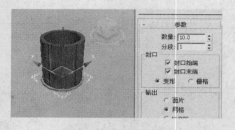

图4-54　挤出多边形

图4-55　绘制圆环

（15）同理，也对圆环进行挤出处理，其参数设置及效果如图4-56所示。

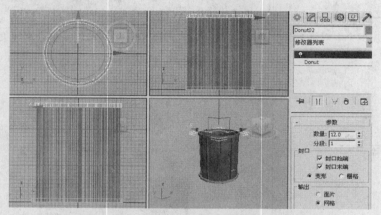

图4-56　圆环的挤出效果

（16）单击"螺旋线"工具按钮 螺旋线 ，在顶视图中绘制螺旋线，选中"在渲染中启用"和"在视口中启用"复选框，具体参数设置及效果如图4-57所示。

（17）单击"椭圆"工具按钮 椭圆 ，在前视图中绘制椭圆，设置椭圆的长度和宽度分别为120和220，效果如图4-58所示。

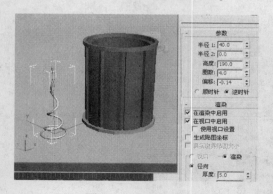

图4-57　绘制螺旋线

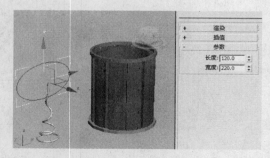

图4-58　绘制椭圆

（18）同理，也对椭圆进行挤出处理，其参数设置及效果如图4-59所示。

　　（19）单击"文本"工具按钮  ，在前视图中添加文字，选中"在渲染中启用"和"在视口中启用"复选框，具体参数设置及效果如图4-60所示。

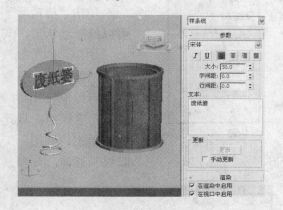

图4-59　椭圆挤出效果　　　　　　　　　图4-60　输入文字

　　（20）选择透视图，按下键盘上的"F9"键，就可以看到废纸篓渲染效果，如图4-61所示。

图4-61　废纸篓渲染效果

　　（21）单击快速访问工具栏中的"保存文件"按钮，弹出"文件另存为"对话框，文件名为"利用其他样条线创建废纸篓"，其他为默认设置，然后单击"保存"按钮即可。

4.2　利用扩展样条线创建客厅推拉窗、隔断及踢脚线

　　在命令面板上单击"创建"按钮 ，显示"创建"命令面板，然后单击"图形"按钮 ，然后单击下拉按钮，在下拉列表中选择"扩展样条线"选项，即可看到扩展样条线工具，如图4-62所示。

　　扩展样条线工具共有5个，分别是墙矩形、通道、角度、T形、宽法兰，下面来分别讲解一下。

图4-62　扩展样条线工具

4.2.1　墙矩形和通道

单击"墙矩形"工具按钮 　墙矩形　，按下鼠标左键进行拖动就可以绘制墙矩形，其参数面板如图4-63所示。

墙矩形的参数设置与直线几乎相同，即名称和颜色、渲染、插值、创建方法、键盘输入、参数。

在绘制墙矩形时，可以设置墙矩形长度、宽度、厚度，还可以设置角半径值，墙矩形的参数设置及效果如图4-64所示。

单击"通道"工具按钮 　通道　，按下鼠标左键进行拖动就可以绘制通道，其参数面板如图4-65所示。

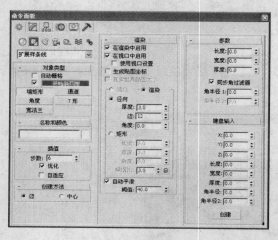

图4-63　墙矩形参数面板

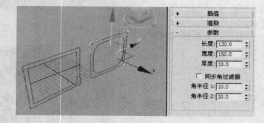

图4-64　墙矩形效果

通道的参数设置与直线几乎相同，即名称和颜色、渲染、插值、创建方法、键盘输入、参数。

在绘制通道时，可以设置通道长度、宽度、厚度，还可以设置角半径值，通道的参数设置及效果如图4-66所示。

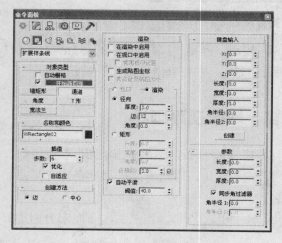

图4-65　通道参数面板

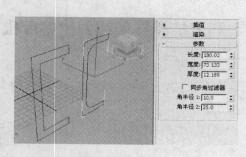

图4-66　通道效果

4.2.2 角度、T形和宽法兰

单击"角度"工具按钮 ⬚ 角度 ⬚，按下鼠标左键进行拖动就可以绘制角度，其参数面板如图4-67所示。

角度的参数设置与直线几乎相同，即名称和颜色、渲染、插值、创建方法、键盘输入、参数。

在绘制角度时，可以设置角度长度、宽度、厚度，还可以设置角半径值，角度的参数设置及效果如图4-68所示。

图4-67 角度参数面板

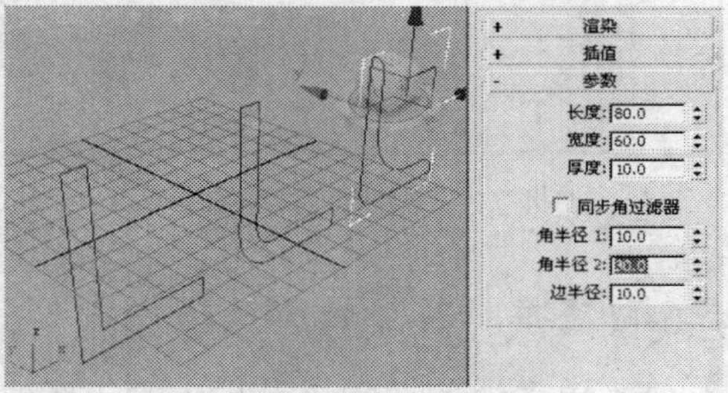

图4-68 角度效果

单击"T形"工具按钮 ⬚ T形 ⬚，按下鼠标左键进行拖动就可以绘制T形，其参数面板如图4-69所示。

T形的参数设置与直线几乎相同，即名称和颜色、渲染、插值、创建方法、键盘输入、参数。

在绘制T形时，可以设置T形的长度、宽度、厚度，还可以设置角半径值，T形的参数设置及效果如图4-70所示。

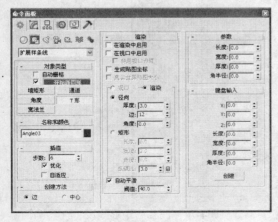

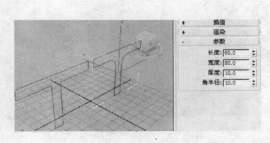

图4-69 T形参数面板

图4-70 T形效果

单击"宽法兰"工具按钮 宽法兰 ，按下鼠标左键进行拖动就可以绘制宽法兰，其参数面板如图4-71所示。

宽法兰的参数设置与直线几乎相同，即名称和颜色、渲染、插值、创建方法、键盘输入、参数。

在绘制宽法兰时，可以设置宽法兰的长度、宽度、厚度，还可以设置角半径值，宽法兰的参数设置及效果如图4-72所示。

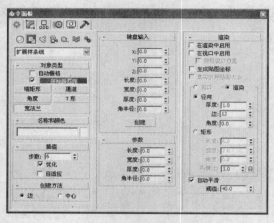

图4-71　宽法兰参数面板

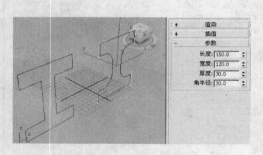

图4-72　宽法兰效果

4.2.3　创建推拉窗、隔断及踢脚线

（1）单击快速访问工具栏中的"新建场景"按钮 ，新建场景。

（2）单击"墙矩形"工具按钮 墙矩形 ，在前视图中绘制墙矩形，长度为2700，宽度为3500，厚度为300，如图4-73所示。

（3）选择墙矩形，单击命令面板上的"修改"按钮 ，进入"修改"命令面板，单击面板上的下拉按钮，在下拉列表中选择"编辑样条线"选项，来编辑墙矩形。

（4）单击"样条线"按钮 ，编辑线段。单击主工具栏中的"选择并移动"按钮 ，选择线段，调整线段位置，如图4-74所示。

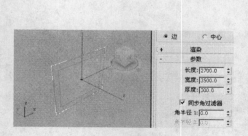

图4-73　绘制墙矩形

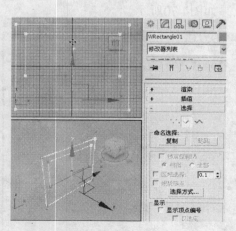

图4-74　调整墙矩形线段

（5）挤出墙矩形。单击"修改"命令面板中的下拉按钮，在下拉列表中选择"挤出"选项，并设置挤出"数量"为300，设置颜色为淡灰色，如图4-75所示。

（6）制作推拉窗框。单击"墙矩形"工具按钮　墙矩形　，在前视图中绘制墙矩形，长度为1440，宽度为2930，厚度为150，如图4-76所示。

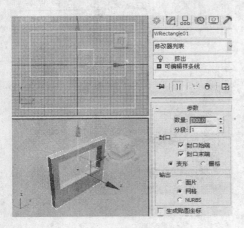

图4-75　挤出效果

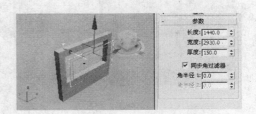

图4-76　绘制墙矩形

（7）同理，对墙矩形进行挤出，挤出数量为240，调整其颜色后如图4-77所示。

（8）同理，利用墙矩形制作推拉窗体，具体方法同上，制作完毕后，效果如图4-78所示。

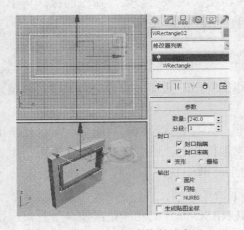

图4-77　挤出推拉窗框

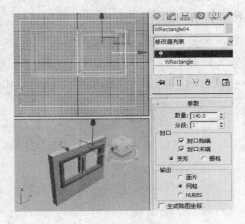

图4-78　窗体效果

（9）单击"长方体"按钮　长方体　，在顶视图和前视图分别绘制长方体，然后调整它们的位置，效果如图4-79所示。

（10）单击"通道"工具按钮　通道　，在前视图绘制一个通道，然后挤出该通道，最后调整其位置，效果如图4-80所示。

（11）单击"角度"工具按钮　角度　，在顶视图绘制一个角度，然后挤出该角度，最后调整其位置，效果如图4-81所示。

图4-79　绘制长方体

（12）单击快速访问工具栏中的"保存文件"按钮 ，弹出"文件另存为"对话框，文件名为"利用扩展样条线创建客厅推拉窗、隔断及踢脚线"，其他为默认，然后单击"保存"按钮即可。

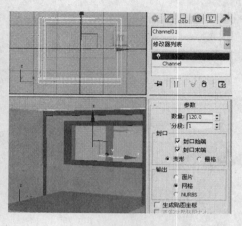

图4-80　隔断

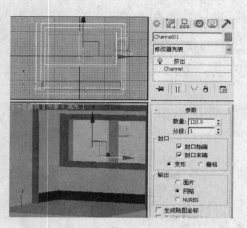

图4-81　利用角度工具绘制踢脚线

4.3　利用挤出工具创建多层楼梯

挤出的作用是，拉伸二维对象，从而增加二维对象的厚度，使其变成三维对象。具体操作方法是，先选择二维对象，然后单击"修改"按钮 ，进入"修改"命令面板，再单击下拉按钮，在下拉列表中选择"挤出"选项，其参数面板如图4-82所示。

常用参数及意义如下：

- 数量：此参数控制挤出对象的高度，值越大，突出的高度越高。
- 分段：此参数控制挤出对象的优化程度，即把突出的高度平均分成若干段。值越大，则优化程度越高。
- 封口：包括封口始端、封口末端两个复选框。这两个复选框的功能是，是否在挤出对象的顶端与末端产生一个平面，将挤出对象进行封闭。还可以进一步设置所产生表面的性质，如果设置为"变形"，则产生的平面薄而长，不易变形；如果设置为"栅格"，则产生的平面以方格状组织，适用于变形处理。
- 输出：输出格式共分三种：面片、网格、NURBS。面片的功能是：使产生对象产生弯曲的表面，易于操纵对象的细节；网格的功能是：使产生的对象产生多边形的网面；选择NURBS单选按钮，则使对象变为NURBS对象。

下面讲解如何利用挤出创建多层楼梯。

（1）单击快速访问工具栏中的"新建场景"按钮 ，新建场景。

（2）单击"线"工具按钮　　线　，单击主工具栏中的"捕捉开关"按钮 ，绘制楼梯截面，绘制完成后如图4-83所示。

 如果在绘制时出现小的偏差，可以利用二维图形的修改来调整。

图4-82 挤出参数面板

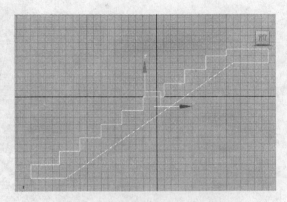

图4-83 绘制楼梯截面

（3）进入"修改"命令面板，单击下拉按钮，在下拉列表中选择"挤出"选项，设置挤出数量为300，如图4-84所示。

（4）单击"圆柱体"工具按钮 <u>圆柱体</u> ，在顶视图中绘制圆柱体，设置半径为3，高度为60，如图4-85所示。

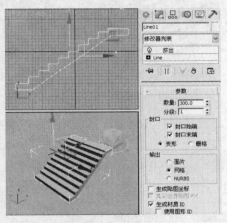

图4-84 楼梯的梯面效果

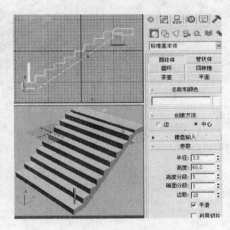

图4-85 绘制圆柱体

（5）选择圆柱体，按下键盘上的"Shift"键，拖动鼠标就可以复制圆柱体，这时会弹出"克隆选项"对话框，设置"对象"为"复制"，"副本数"为8，如图4-86所示。

（6）设置好各项参数后，单击"确定"按钮，这时效果如图4-87所示。

（7）单击"圆柱体"工具按钮 <u>圆柱体</u> ，在左视图中再绘制一个圆柱体，半径为3.5，高度为340，然后单击"选择并旋转"按钮 ，旋转圆柱体后如图4-88所示。

（8）同理，再复制一个圆柱体，注意类型要选择"复制"，不能选择"实例"，因为实例复制方式得到的圆柱体，当修改任意一个圆柱体时，另一个圆柱体跟着改变。

（9）设置复制圆柱体的半径为1，高度为260，然后调整其位置，如图4-89所示。

（10）下面把扶手部分变成一个组。选择所有扶手部分，然后单击菜单栏中的"组→成组"命令，弹出"组"对话框，在这里设置组名为"扶手"，如图4-90所示。

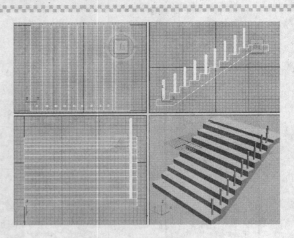

图4-86 "克隆选项"对话框　　　　　　　图4-87 复制圆柱体效果

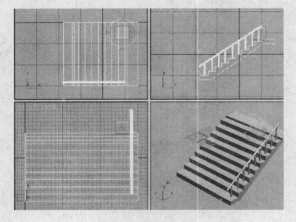

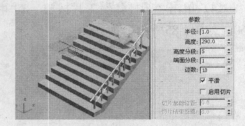

图4-88 旋转圆柱体　　　　　　　图4-89 调整复制圆柱体的参数

（11）选择扶手组，按下"Shift"键，进行复制，然后调整其位置，这样一个单层楼梯就制作好了。

（12）选择透视图，然后按下键盘上的"F9"键，就可以看到单层楼梯的渲染效果，如图4-91所示。

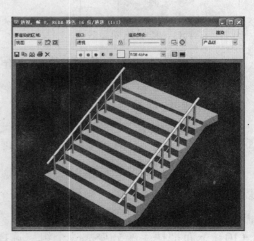

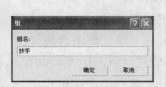

图4-90 "组"对话框　　　　　　　图4-91 单层楼梯的渲染效果

（13）下面把单层楼梯变成一个组。选择整个楼梯，然后单击菜单栏中的 "组→成组" 命令，生成一个 "单层楼梯" 组。

（14）选择 "单层楼梯" 组，按下 "Shift" 键，进行复制，然后单击 "选择并旋转" 工具 ○，再单击右键，弹出 "旋转变换输入" 对话框，设置沿Z轴旋转90度，如图4-92所示。

（15）旋转后再调整复制楼梯的位置，这时效果如图4-93所示。

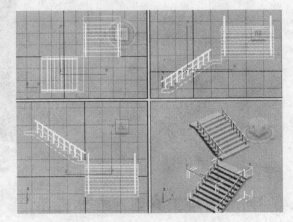

图4-92　"旋转变换输入" 对话框　　　　图4-93　旋转后效果

（16）单击 "长方体" 按钮　长方体　，再绘制一个长方体，然后调整长方体的大小与位置，效果如图4-94所示。

（17）组成一个新的组，然后复制，再进行旋转调整后，就可经形成多层楼梯效果。最终效果如图4-95所示。

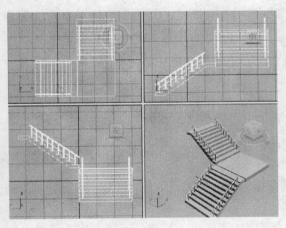

图4-94　楼梯效果　　　　　　　　　图4-95　多层楼梯

（18）单击 "长方体" 按钮　长方体　，再绘制一个长方体，然后调整长方体的大小与位置，效果如图4-96所示。

（19）选择透视图，然后按下键盘上的 "F9" 键，就可以看到多层楼梯的渲染效果，如图4-97所示。

（20）单击快速访问工具栏中的 "保存文件" 按钮 ，弹出 "文件另存为" 对话框，文件名为 "利用挤出创建多层楼梯"，其他为默认，然后单击 "保存" 按钮即可。

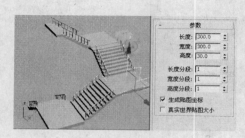

图4-96 绘制长方体

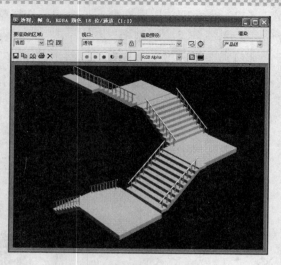

图4-97 多层楼梯渲染效果

4.4 利用倒角工具创建立体五角星

倒角的作用是，使二维对象增加一定的厚度形成三维对象，并且可以使生成的三维对象产生一定的倒角。具体操作方法是，先选择二维对象，然后单击"修改"按钮 ，进入"修改"命令面板，再单击下拉按钮，在下拉列表中选择"倒角"选项，其参数面板如图4-98所示。

常用参数及意义如下：

· 参数

（1）封口与封口类型：始端、末端这两个复选框的功能是，是否在挤出对象的顶端与末端产生一个平面，将挤出对象进行封闭。如果设置为"变形"，则产生的平面薄而长，不易变形；如果设置为"栅格"，则产生的平面以方格状组织，适用于变形处理。

（2）曲面：可以设置曲面的类型：线性侧面、曲线侧面，并且可以设置曲面的优化程度，及是否设置级间平滑。

（3）相交：可设置是否要避免线相交，并且可以设置分离参数值。一般都要选中该项，因为它可以避免轮廓值太大或太小时，原图产生畸形。

· 倒角值

（1）起始轮廓：可以对原轮廓进行加粗或变细处理，如果参数值大于0，则变粗，否则变细。

（2）级别1："高度"参数用来设置倒角的厚度，即挤出的长度，而"轮廓"是挤出的最外层面的大小。

（3）倒角共有三个级别，即级别1、级别2、级别3，如果要进行多次倒角，则可以使用放样来实现。

下面讲解如何利用倒角创建立体五角星。

（1）单击快速访问工具栏中的"新建场景"按钮 ，新建场景。

（2）单击"星形"工具按钮 星形 ，在前视图中绘制五角星，设置半径1和半径2分别为80和40，设置点数为5，如图4-99所示。

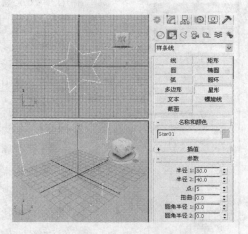

图4-98 倒角参数面板　　　　　　　　　图4-99 绘制星形

（3）选择星形，单击"修改"按钮，进入"修改"命令面板，再单击下拉按钮，在下拉列表中选择"倒角"选项，设置高度为30，轮廓为-40，如图4-100所示。

（4）选择透视图，然后按下键盘上的"F9"键，就可以看到立体五角星的渲染效果，如图4-101所示。

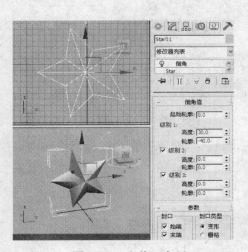

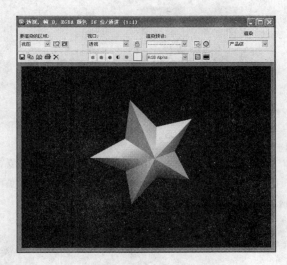

图4-100 立体五角星　　　　　　　　　图4-101 立体五角星的渲染效果

（5）单击快速访问工具栏中的"保存文件"按钮，弹出"文件另存为"对话框，文件名为"利用倒角创建立体五角星"，其他为默认，然后单击"保存"按钮即可。

4.5 利用倒角剖面工具创建艺术小方凳

倒角剖面是指利用一个剖面二维对象、一个路径二维对象，沿着路径走剖面的方法创建三维对象，所以利用该方法要有两个二维对象。具体操作方法是，先绘制两个二维对象，并选择作为路径的二维对象，然后单击"修改"按钮，进入"修改"命令面板，再单击下拉按钮，在下拉列表中选择"倒角剖面"选项，其参数面板如图4-102所示。

图4-102　倒角剖面
参数面板

常用参数及意义如下：

- 封口与封口类型：始端、末端这两个复选框的功能是，是否在挤出对象的顶端与末端产生一个平面，将挤出对象进行封闭。如果设置为"变形"，则产生的平面薄而长，不易变形；如果设置为"栅格"，则产生的平面以方格状组织，适用于变形处理。
- 相交：可设置是否要避免线相交，并且可以设置分离参数值。一般都要选中该项，因为它可以避免轮廓值太大或太小时，原图产生畸形。
- 倒角剖面：单击"倒角剖面"按钮，然后单击视图中作为截面的二维图形，就可以产生三维图形。

下面讲解如何利用倒角剖面创建艺术小方凳。

（1）单击快速访问工具栏中的"新建场景"按钮，新建场景。

（2）单击"矩形"工具按钮　矩形　，在顶视图中绘制矩形，长度和宽度都为450，角半径为20，如图4-103所示。

（3）单击"线"工具按钮　线　，在前视图中绘制如图4-104所示一小段曲线。

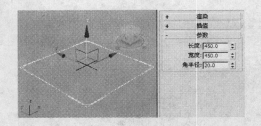

图4-103　绘制矩形

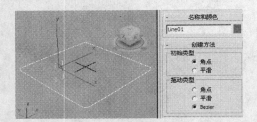

图4-104　绘制曲线

（4）选择倒角矩形，然后单击"修改"按钮，进入"修改"命令面板，再单击下拉按钮，在下拉列表中选择"倒角剖面"选项，单击　拾取剖面　按钮，单击小段曲线，效果如图4-105所示。

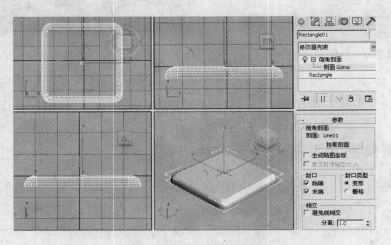

图4-105　倒角剖面效果

（5）单击"倒角剖面"前面的"+"号，选择"剖面Gizmo"，可以调整倒角剖面的大小。

（6）单击"线"工具按钮 ___线___ ，在前视图中绘制如图4-106所示曲线。

（7）单击"圆"工具按钮 ___圆___ ，在顶视图中绘制圆，设置圆的半径为15。

（8）选择曲线，然后单击"修改"按钮，进入"修改"命令面板，再单击下拉按钮，在下拉列表中选择"倒角剖面"选项，单击 __拾取剖面__ 按钮，单击圆形，效果如图4-107所示。

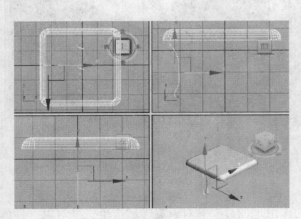

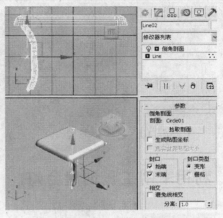

图4-106 绘制曲线　　　　　　　　　　图4-107 倒角剖面效果

（9）按下键盘上的"Shift"键，复制一个小方凳腿，调整其位置后效果如图4-108所示。

（10）按下键盘上的"Ctrl"键，选择两个小方凳腿，单击主工具栏中的"镜像"按钮，弹出"镜像"对话框，具体参数设置如图4-109所示。

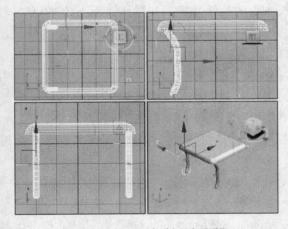

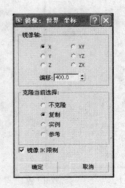

图4-108 复制小方凳腿　　　　　　　　图4-109 "镜像"对话框

（11）设置好后，单击"确定"按钮，这样艺术小方凳就制作完成了，效果如图4-110所示。

（12）选择透视图，然后按下键盘上的"F9"键，就可以看到艺术小方凳的渲染效果，如图4-111所示。

（13）单击快速访问工具栏中的"保存文件"按钮，弹出"文件另存为"对话框，文件名为"利用倒角剖面创建艺术小方凳"，其他为默认，然后单击"保存"按钮即可。

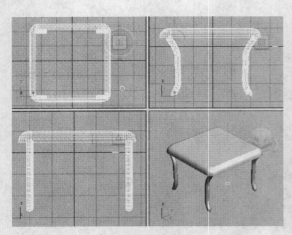
图4-110　艺术小方凳

图4-111　艺术小方凳渲染效果

4.6　利用车削工具创建台灯

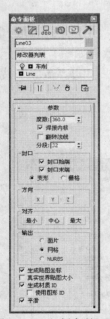
图4-112　车削参数面板

　　车削（旋转）的作用是通过二维对象旋转后产生三维对象。具体操作方法是，先选择二维对象，然后单击"修改"按钮，进入"修改"命令面板，再单击下拉按钮，在下拉列表中选择"车削"选项，其参数面板如图4-112所示。

　　常用参数及意义如下：

- 度数：即二维图形的旋转角度，在默认情况下为360度，若小于360则产生非完整的旋转体。还可以对是否焊接内核、是否翻转法线及优化程度进行设置。

- 封口与封口类型：始端、末端这两个复选框的功能是，是否在挤出对象的顶端与末端产生一个平面，将挤出对象进行封闭。如果设置为"变形"，则产生的平面薄而长，不易变形；如果设置为"栅格"，则产生的平面以方格状组织，适用于变形处理。

- 方向：旋转的轴向有X、Y、Z轴。选择不同的轴旋转会产生不同的图形。

- 对齐：共有三项选择：最小、中心、最大。轴线右移产生最大效果、轴线左移产生最小效果。

- 输出：输出格式共分三种：面片、网格、NURBS。面片的功能是：使产生对象产生弯曲的表面，易于操纵对象的细节；网格的功能是：使产生的对象产生多边形的网面；选择NURBS单选按钮，则使对象变为NURBS对象。

下面讲解如何车削创建台灯。

（1）单击快速访问工具栏中的"新建场景"按钮，新建场景。

（2）单击"线"工具按钮　　线　　，在前视图中绘制台灯底座旋转截面，如图4-113所示。

（3）选择该截面，然后单击"修改"按钮 ，进入"修改"命令面板，再单击下拉按钮，在下拉列表中选择"车削"选项，设置旋转度数为360，分段数为32，方向为Y轴，对齐为"最大"，设置好后，效果如图4-114所示。

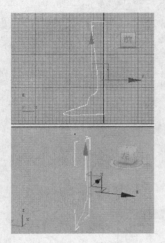

图4-113　台灯底座旋转截面

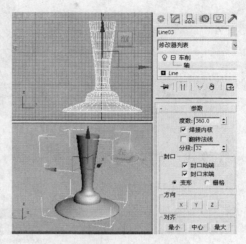

图4-114　车削效果

（4）单击"线"工具按钮 _____ 线 _____ ，在前视图中绘制曲线，然后对顶点进行编辑，最终效果如图4-115所示。

（5）单击"修改"按钮 ，进入"修改"命令面板，再单击下拉按钮，在下拉列表中选择"车削"选项，这时就产生了旋转三维物体，然后单击"最大"按钮，效果如图4-116所示。

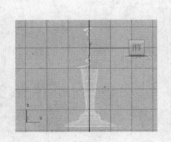

图4-115　绘制曲线

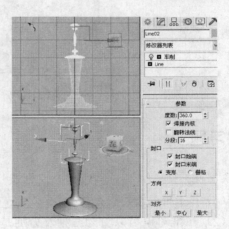

图4-116　车削旋转效果

（6）单击"弧"工具按钮 _____ 弧 _____ ，在前视图绘制弧线，旋转后作为座灯灯罩，其参数及效果如图4-117所示。

（7）同理对弧线进行车削旋转，就可以得到座灯灯罩。注意，这里的分段数为8，效果如图4-118所示。

（8）选择透视图，然后按下键盘上的"F9"键，就可以看到台灯的渲染效果，如图4-119所示。

（9）单击快速访问工具栏中的"保存文件"按钮 ，弹出"文件另存为"对话框，文件名为"利用车削创建台灯"，其他为默认，然后单击"保存"按钮即可。

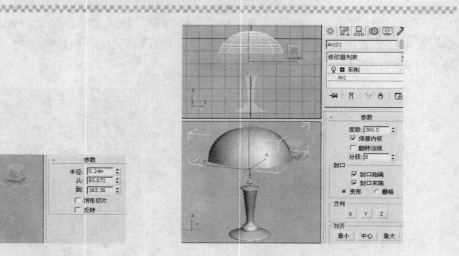

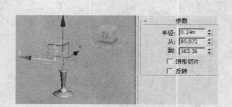

图4-117   绘制弧线   图4-118   台灯灯罩

图4-119   台灯的渲染效果

本课习题

填空题

（1）二维对象建模是＿＿＿＿＿＿＿＿＿＿＿＿＿＿＿＿＿＿＿＿＿＿＿＿＿＿。

（2）二维对象可以分为三种，分别是＿＿＿＿＿、＿＿＿＿＿＿、＿＿＿＿＿＿。

（3）二维对象的修改共有＿＿＿＿＿项，分别是＿＿＿＿＿、＿＿＿＿＿＿、

＿＿＿＿＿＿。

（4）二维对象转化为三维对象的常用方法有＿＿种，分别是＿＿＿＿＿、＿＿＿＿＿、

＿＿＿＿＿、＿＿＿＿＿＿。

（5）扩展二维建模工具共有＿＿＿＿＿种，分别是＿＿＿＿＿＿、＿＿＿＿＿＿、

＿＿＿＿＿＿、＿＿＿＿＿＿、＿＿＿＿＿。

简答题

（1）简述如何对二维对象进行并集、交集、叉集运算？

（2）简述如何把一个二维对象通过挤出变成三维对象？

上机操作

（1）利用三维与二维建模工具设计制作如图4-120所示的卧室框架图。

（2）利用二维建模工具设计制作如图4-121所示的路灯效果。

图4-120　卧室框架图

图4-121　路灯效果

第5课

高 级 建 模

本课知识结构及就业达标要求

本课知识结构具体如下：

- 利用放样创建窗帘
- 利用布尔运算创建显示器
- 利用弯曲修改创建拐棍
- 利用锥化修改创建立柱
- 利用扭曲修改创建钻头
- 利用倾斜修改创建快餐桌
- 利用挤压修改创建碗
- 利用FFD修改创建老板椅

本课讲解放样、布尔运算和常用的三维物体修改方法，并通过具体的实例进行剖析讲解。通过本课的学习，进一步掌握三维建模的方法和技巧，从而制作出复杂的专业水平的三维模型。

5.1 利用放样创建窗帘

放样是创建三维模型的一个重要方法。放样建模由两个或两个以上的二维对象结合而成。放样至少需要一个二维对象作为路径，一个二维图形作为截面。它的本质是将一个一个截面沿路径串连起来形成三维对象。放样只能有一个路径，可以有多个截面。

在命令面板上单击"创建"按钮 ✿，显示"创建"命令面板，然后单击"几何体"按钮 ◎，单击下拉按钮，在下拉列表中选择"复合对象"选项，再单击"放样"按钮，其参数面板如图5-1所示。

下面来逐一讲解各放样参数的意义。

5.1.1 创建方法和路径参数

放样的创建方法有两种：获取路径、获取图形，并且可以设置截面或路径所要放置的位置，即移动、复制、实例，如图5-2所示。

各参数意义如下：

- 获取路径：把当前已选择的二维图形作为截面，单击 **获取路径** 按钮后，再单击另一个二维图形，即作为路径的二维图形。

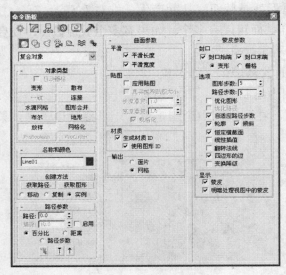

图5-1 放样参数面板

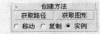

图5-2 放样的创建方法

- 获取图形：把当前已选择的二维图形作为路径，单击  按钮后，再单击另一个二维图形，即作为截面的二维图形。
- 移动：选择该项，会将选取的截面或路径移至原路径或截面上。
- 复制：选择该项，会复制选取的截面或路径，并粘贴到原路径或截面上。
- 实例：选择该项，便于以后对布尔运算后的三维对象进行调整。

下面通过具体实例讲解如何放样产生三维对象。

（1）单击"星形"工具按钮 星形 ，在顶视图中绘制星形，星形参数设置与效果如图5-3所示。

（2）单击"线"工具按钮 线 ，在前视图中绘制直线，然后选择直线，在命令面板上单击"创建"按钮，显示"创建"命令面板，然后单击"几何体"按钮，单击下拉按钮，在下拉列表中选择"复合对象"选项，再单击"放样"按钮。

（3）在放样参数面板中单击 获取图形 按钮，再单击星形，这样就放样产生一个三维对象，如图5-4所示。

图5-3 绘制星形

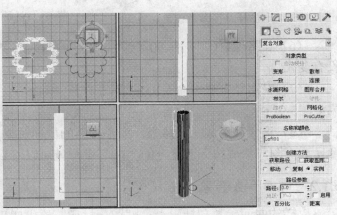

图5-4 放样效果

（4）在该操作中，直线就是路径，星形就是截面，从而产生三维对象。

放样路径只能是一个二维图形，而放样截面可以有多个，如果有多个放样截面，就要设置不同截面所占的百分比或距离，如图5-5所示。

下面通过具体实例讲解如何利用多截面放样产生三维对象。

（1）在顶视图中绘制星形，在前视图中绘制直线，具体参数同上。

（2）单击"矩形"工具按钮 矩形 ，在顶视图中绘制矩形，矩形参数设置与效果如图5-6所示。

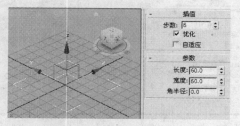

图5-5　路径参数　　　　　　　　　　　　　　图5-6　绘制矩形

（3）选择直线，在命令面板上单击"创建"按钮，显示"创建"命令面板，然后单击"几何体"按钮○，单击下拉按钮，在下拉列表中选择"复合对象"选项，再单击"放样"按钮。

（4）在路径参数中输入10，然后单击 获取图形 按钮，再单击顶视图中的矩形，这时效果如图5-7所示。

（5）在路径参数中输入15，然后单击 获取图形 按钮，再单击顶视图中的星形，这时效果如图5-8所示。

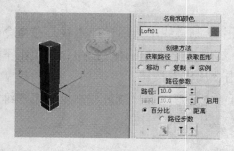

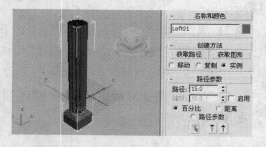

图5-7　放样路径参数设置与效果　　　　　　　图5-8　放样路径参数设置与效果

（6）在路径参数中输入90，然后单击 获取图形 按钮，再单击顶视图中的星形，这时效果没有变化。

（7）在路径参数中输入100，然后单击 获取图形 按钮，再单击顶视图中的矩形，这时效果如图5-9所示。

（8）这样就生成一条路径、多个截面的放样对象。设置放样对象的颜色为"白色"，选择透视图，然后按下键盘上的"F9"键，就可以看到渲染效果，如图5-10所示。

5.1.2　曲面参数和蒙皮参数

放样的曲面参数包括平滑、贴图、材质、输出四项，如图5-11所示。

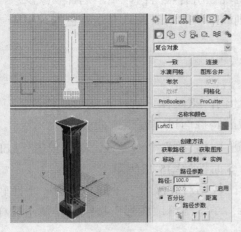
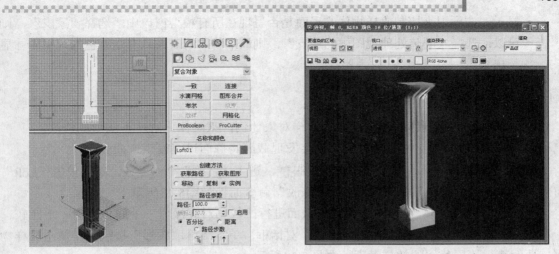

图5-9 放样路径参数设置与效果   图5-10 放样对象渲染效果

具体参数及意义如下：

- 平滑：通过该项可以设置放样物体在路径上的曲面是否平滑，也可以设置放样物体在截面上的曲面是否平滑。在默认情况下，两项都是平滑的。
- 贴图：选中"应用贴图"复选框后，就可以设置路径方向上重复贴图的次数，也可以设置截面方向上重复贴图的次数。"规格化"的功能是使路径控制顶点与贴图坐标轴无关，如果不选中该项，则贴图将产生扭曲的情况。
- 材质：可以设置是否使用"生成材质ID"和"使用图形ID"功能。
- 输出：共有两项选择——面片和网格。面片可让放样物体产生弯曲，并且表面易于操作细节；网格可让放样物体产生多边形的网面。

放样的蒙皮参数包括封口、选项、显示三项，如图5-12所示。

图5-11 放样曲面参数   图5-12 放样蒙皮参数

具体参数及意义如下：

- 封口：包括封口始端、封口末端两个复选框，功能是：是否在挤出对象的顶端与末端产生一个平面，将挤出对象进行封闭。还可以进一步设置所产生表面的性质，如果设置为"变形"，则产生的平面薄而长，不易变形；如果设置为"栅格"，则产生的平面以方格状组织，适用于变形处理。
- 选项：在该项中，可以设置截面的步数、路径的步数，所谓步数就是控制顶点所分割的数目，数值越大，则效果越平滑精细。还可以设置是否优化路径与截面。

- 显示：该项用来控制放样物体的表面是否呈现在所有模型窗口中，选择"蒙皮"，则可以，选择"明暗处理视图中的蒙皮"，则放样物体的表面只有在着色的视图中才显示出来。

5.1.3　放样对象的图形和路径的修改

下面以修改前面制作的多个截面的放样对象为例，来具体讲解一下图形的修改。

（1）观察前面制作的放样对象，就会发现截面与截面过渡发生弯曲。

（2）选择放样物体，单击"修改"按钮 ，进入"修改"命令面板，然后单击"Loft"前面的"+"号，选择"图形"，这时"修改"命令面板如图5-13所示。

（2）在该面板中，可以对放样对象截面进行比较与对齐操作。下面先来看一下比较。

（3）单击　比较　按钮，弹出"比较"对话框，单击"拾取图形"按钮 ，单击放样物体，从而获得不同位置的放样截面，如图5-14所示。

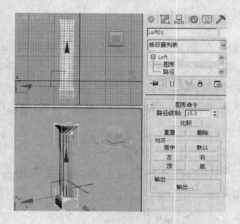
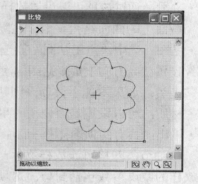

图5-13　放样物体的图形修改面板　　　　　　　　图5-14　"比较"对话框

（4）放样物体截面与截面之间发生弯曲的原因是，两个图形的起始点不同，下面旋转放样物体，让两个截面的起始点重合，调整后"比较"对话框与放样物体效果如图5-15所示。

（5）同理，再调整下面的两个截面，调整完成后，选择透视图，然后按下键盘上的"F9"键，就可以看到渲染效果，如图5-16所示。

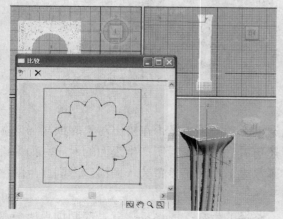
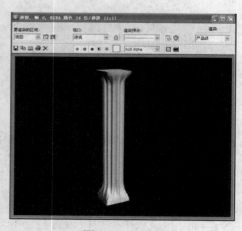

图5-15　调整后"比较"对话框与放样物体效果　　　图5-16　渲染效果

下面还是以实例来讲一下放样对象的路径的修改。

（1）选择放样物体，单击"修改"按钮 🖊，进入"修改"命令面板，然后单击"Loft"前面的"+"号，选择"路径"，这时"修改"命令面板如图5-17所示。

（2）在路径修改状态下，可以以点、线段、样条线三种方式中的任一种方式来修改路径。

（3）假设想增长放样物体，只需单击"顶点"项，然后利用"选择并移动"工具，就可以调整放样物体的长度和角度，具体如图5-18所示。

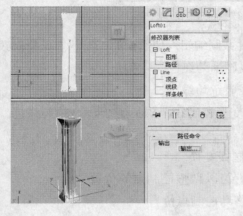
图5-17 放样物体的路径修改面板

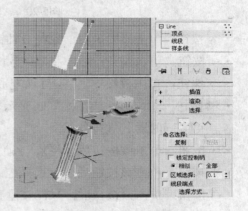
图5-18 放样物体的路径的修改

5.1.4 放样对象的修改变形

放样物体的修改变形共分为五种，分别是：缩放、扭曲、倾斜、倒角、拟合。选择放样物体后，单击"修改"按钮 🖊，进入"修改"命令面板，如图5-19所示。

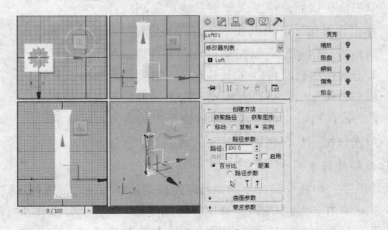
图5-19 "修改"命令面板

1. 放样的缩放变形

缩放变形的功能是：改变放样物体在路径上某一处的比例大小。单击 缩放 按钮，弹出"缩放变形"对话框，如图5-20所示。

"缩放变形"对话框上方各按钮的功能如下：

图5-20　　"缩放变形"对话框

- **按钮：单击该按钮后，将X、Y轴锁定，并共同编辑，使它们的控制状态保持一致。
- **按钮：单击该按钮后，将X轴变形控制线显示为红色。
- **按钮：单击该按钮后，将Y轴变形控制线显示为绿色。
- **按钮：单击该按钮后，同时显示X、Y轴变形控制线，X轴为红色，Y轴为绿色，并且可以同时对其进行编辑。
- **按钮：单击该按钮后，将X、Y轴变形控制线交换。
- **按钮：单击该按钮后，再选择控制点，就可以调整控制点的位置。
- **按钮：单击该按钮后，只能在垂直方向移动控制点位置。
- **按钮：单击该按钮后，就可以增加新的控制点。
- **按钮：单击该按钮后，就可以删除控制点。
- **按钮：单击该按钮后，就可以将变形控制线恢复到初始状态。

缩放变形对话框下方各按钮的功能如下：

- **按钮：单击该按钮后，可以推动变形控制线，观察被遮住的部分。
- **按钮：单击该按钮后，可以全部显示变形控制线。
- **按钮：单击该按钮后，可以在水平方向上全部显示变形控制线。
- **按钮：单击该按钮后，可以在垂直方向上全部显示变形控制线。
- **按钮：单击该按钮后，可以在水平方向上缩放显示变形控制线。
- **按钮：单击该按钮后，可以在垂直方向上缩放显示变形控制线。
- **按钮：单击该按钮后，可以整体缩放变形控制线的显示效果。
- **按钮：单击该按钮后，可以对某一区域进行放大显示。

2. 放样的扭曲和倾斜变形

扭曲变形的功能是：将放样路径上的截面以路径的轴心为轴心，进行不同角度的旋转，从而产生扭曲效果。单击　**扭曲**　按钮，弹出"扭曲变形"对话框，如图5-21所示。

"扭曲变形"对话框中各按钮的功能同"缩放变形"对话框。

倾斜变形的功能是：让放样对象绕X轴或Y轴进行旋转变形，从而产生倾斜效果。单击　**倾斜**　按钮，弹出"倾斜变形"对话框，如图5-22所示。

"倾斜变形"对话框中各按钮的功能同"缩放变形"对话框。

3. 放样的倒角和拟合变形

倒角变形的功能是：对放样对象的沿路径的截面进行等量大小的变化处理，从而产生倒角效果。单击 倒角 按钮，弹出"倒角变形"对话框，如图5-23所示。

图5-21　　"扭曲变形"对话框

图5-22　　"倾斜变形"对话框

图5-23　　"倒角变形"对话框

"倒角变形"对话框中各按钮的功能同"缩放变形"对话框。

拟合变形的功能是：将放样对象沿路径变形成所需的封闭曲线形状。拟合变形与其他几种变形不同，不是通过调整某个轴来完成，而是由一条封闭的曲线所构成。单击 拟合 按钮，弹出"拟合变形"对话框，如图5-24所示。

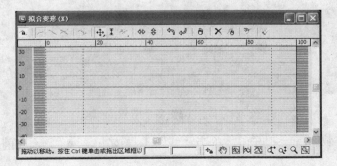

图5-24　　"拟合变形"对话框

5.1.5　创建窗帘

（1）单击快速访问工具栏中的"新建场景"按钮 ▭ ，新建场景。

（2）单击"线"工具按钮 ▭ 线 ▭ ，在顶视图中绘制一条直线。

（3）选择直线，单击右键，在弹出的菜单中单击"转换为→转换为可编辑样条线"命令，进入"修改"命令面板，单击"Line"前面的"+"号，然后选择"线段"。

（4）在"拆分"后面的文本框中输入"11"，然后单击"拆分"按钮，就把直线分成12段，如图5-25所示。

（5）选择"顶点"项，按下键盘上的"Ctrl"键，在顶视图中间隔选择节点，然后单击主工具栏中的"选择并移动"工具按钮 ✛ ，调整节点，如图5-26所示。

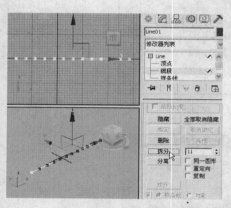

图5-25　拆分直线

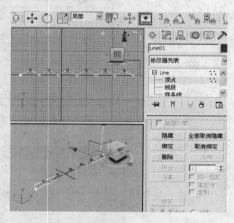

图5-26　调整多个节点

（6）选择节点，单击右键，在弹出的菜单中选择"Bezier"命令，把节点变成贝赛尔节点，就可以调整节点的弧度了。为了一起调整所有节点的弧度，要选中"锁定控制柄"复选框，然后再调整节点的弧度，如图5-27所示。

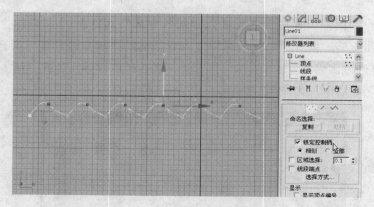

图5-27　同时调整多个节点的弧度

（7）这样窗帘截面就绘制好了。单击"线"工具按钮 ▭ 线 ▭ ，在前视图中绘制直线，作为放样路径。

（8）在命令面板上单击"创建"按钮 ▨ ，显示"创建"命令面板，然后单击"几何体"

按钮◎，单击下拉按钮，在下拉列表中选择"复合对象"选项，再单击"放样"按钮。

（9）选择直线，单击 __获取图形__ 按钮，再单击顶视图中的曲线，产生窗帘三维对象，由于是一条线作为截面，可能不可见，下面添加双面贴图就可以看到了。

（10）在英文输入状态下，按下键盘上的"M"键，打开"材质编辑器"对话框，如图5-28所示。

（11）在材质编辑器中，单击"双面"前面的复选框，然后单击"漫反射"后面的颜色块，弹出如图5-29所示的颜色选择器，可以设置窗帘的颜色。

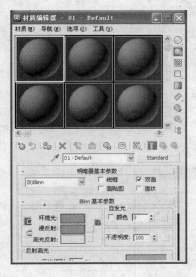

图5-28　"材质编辑器"对话框

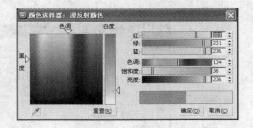

图5-29　颜色选择器

（12）设置好窗帘的颜色后，单击材质编辑器中的❀按钮，把材质赋给窗帘，然后单击▒按钮，即可在视图中可以看到材质效果，如图5-30所示。

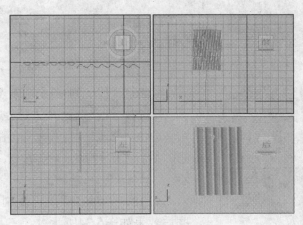

图5-30　窗帘效果

（13）下面来变形放样物体。选择窗帘，然后单击"修改"按钮◢，进入"修改"命令面板，然后单击 __缩放__ 按钮，弹出"缩放变形"对话框。

（14）在"缩放变形"对话框单击┯按钮，增加控制点，然后调整控制点的位置，如图5-31所示。

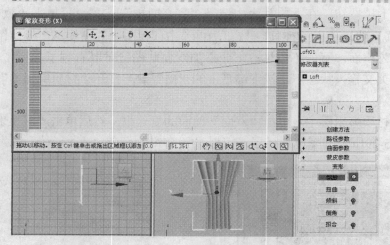

图5-31　增加控制点

（15）还可以调整节点的类型。选择节点，单击右键，在弹出的菜单中选择"Bezier"，然后可以调整节点的控制柄，如图5-32所示。

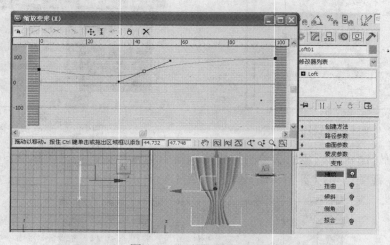

图5-32　调整控制点类型

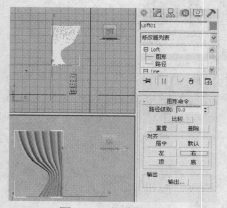

图5-33　右对齐效果

（16）可以增加多个控制点来对窗帘进行变形。

（17）现在对窗帘进行左右对齐操作。选择窗帘，单击"修改"按钮，单击"Loft"前面的"+"号，然后选择　右　对齐按钮，这时效果如图5-33所示。

（18）右对齐后，再复制三个，调整位置及角度后效果如图5-34所示。

（19）选择透视图，按下键盘上的"F9"键，就可以看到窗帘渲染效果，如图5-35所示。

（20）单击快速访问工具栏中的"保存文件"按钮，弹出"文件另存为"对话框，文件名为"利用放样创建窗帘"，其他为默认，然后单击"保存"按钮即可。

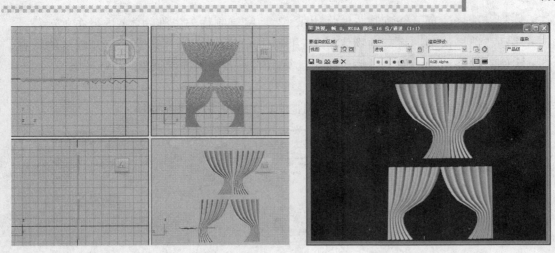

图5-34 窗帘的不同效果　　　　　图5-35 窗帘渲染效果

5.2 利用布尔运算创建显示器

布尔运算的作用是将三维对象进行并、交、差运算，从而创建复杂的三维模型。

在命令面板上单击"创建"按钮 ，显示"创建"命令面板，然后单击"几何体"按钮 ，单击下拉按钮，在下拉列表中选择"复合对象"选项，再单击"布尔"按钮，其参数面板如图5-36所示。

图5-36 布尔参数面板

下面来逐一讲解各参数的意义。

5.2.1 拾取布尔

拾取布尔的功能是拾取参与运算的三维对象B，即单击 拾取操作对象B 按钮，单击视图中的三维物体，就可以进行布尔运算，而布尔运算的方式，则由操作项来设置，如图5-37所示。

其中各参数的意义如下：

- 参考：选择该项，会将选择的三维物体B作为参考物，再将三维物体B的复制物与三维物体A进行布尔运算。

- 复制：选择该项，会复制三维物体B，然后将复制物与三维物体A进行布尔运算。
- 移动：选择该项，将三维物体B与三维物体A直接进行布尔运算，这是默认的状态。
- 实例：选择该项，便于以后对布尔运算后的三维物体进行调整。

下面讲解一下如何利用布尔运算生成三维对象。

（1）在视图中绘制长方体和球体，调整它们的位置后如图5-38所示。

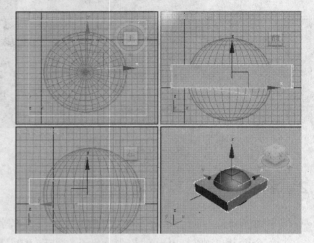

图5-37　拾取布尔参数　　　　　　　　　图5-38　绘制长方体和球体

（2）进行布尔运算。选择长方体，单击"布尔"按钮，再单击 拾取操作对象B 按钮，然后单击球体，就进行了布尔运算，效果如图5-39所示。

（3）默认方式为"移动"，所以将三维物体B与三维物体A直接进行布尔运算。

（4）如果选择"复制"项，会复制三维物体B，然后将复制物与三维物体A进行布尔运算，效果如图5-40所示。

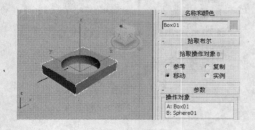　　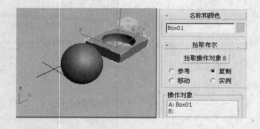

图5-39　布尔运算　　　　　　　　　图5-40　选择"复制"项的布尔运算

5.2.2　操作

布尔运算操作共有四种，分别是：并集、交集、差集（A-B）、差集（B-A），其实是三种，即并集、交集、差集，在差集中出现了A与B，其中A就是先选择的三维物体，B是后单击的三维物体，如图5-41所示。

其中各参数的意义如下：

- 并集：选择该项后，单击 拾取操作对象B 按钮，单击视图中的另一个三维物体B，这样两个三维物体就合成一个新三维物体。
- 交集：选择该项后，单击 拾取操作对象B 按钮，单击视图中的另一个三维物体B，就生成两个三维物体的相交部分的新三维物体。

- 差集（A-B）：选择该项后，单击 拾取操作对象B 按钮，单击视图中的另一个三维物体B，就生成已选择的三维物体A减去后单击的三维物体B后的新三维物体。
- 差集（B-A）：选择该项后，单击 拾取操作对象B 按钮，单击视图中的另一个三维物体B，就生成已选择的三维物体B减去后单击的三维物体A后的新三维物体。

 在运用布尔运算建模时，要注意尽量把物体多分段，这样布尔运算后，物体不易发生变形。还要注意，如果一个物体同时与多个物体进行布尔运算，要先把多个物体变成一个复合物体，然后进行布尔运算，总之进行一次布尔运算。

下面来看一下具体操作与效果。

（1）在视图中绘制长方体和球体，选择长方体，单击"布尔"按钮，选择"并集"操作，然后单击 拾取操作对象B 按钮，再单击球体，参数设置与效果如图5-42所示。

图5-41 布尔操作

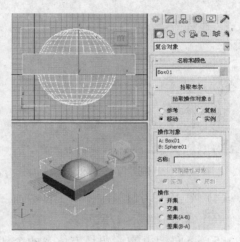

图5-42 并集参数设置与效果

（2）按下键盘上的"Ctrl"+"Z"键，撤销上一步操作，选择"交集"操作，参数设置与效果如图5-43所示。

（3）按下键盘上的"Ctrl"+"Z"键，撤销上一步操作，选择"差集（B-A）"操作，参数设置与效果如图5-44所示。

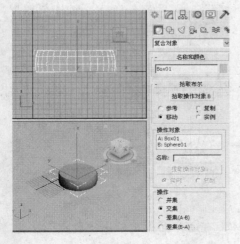

图5-43 交集参数设置与效果

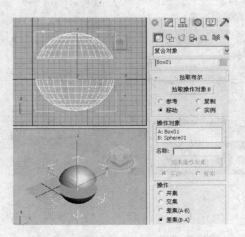

图5-44 差集（B-A）参数设置与效果

5.2.3 创建显示器

（1）单击快速访问工具栏中的"新建场景"按钮▭，新建场景。

（2）单击"切角长方体"工具按钮 切角长方体 ，在前视图中绘制切角长方体，设置长度为300，宽度为340，高度为50，圆角为10，如图5-45所示。

（3）按下键盘上的"Shift"键，复制一个切角长方体，然后单击主工具栏中的"选择并缩放"按钮▣，缩放切角长方体，再调整其位置，最终效果如图5-46所示。

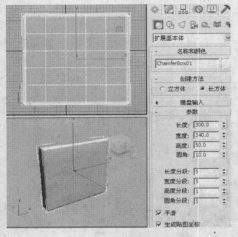

图5-45　绘制切角长方体

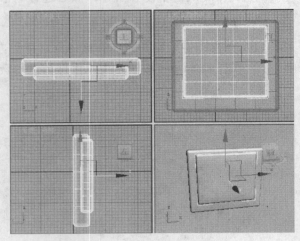

图5-46　复制切角长方体并改变其大小

（4）单击"切角圆柱体"工具按钮 切角圆柱体 ，在前视图中绘制两个切角圆柱体，并调整它们的位置，如图5-47所示。

（5）下面把小的切角长方体及两个切角圆柱体变成一个复合对象，方法是：选择小的倒角长方体，单击右键，在弹出的菜单中选择"转换为→转换为可编辑的网格"命令，就会跳转到"修改"命令面板。

（6）在"修改"命令面板中，单击"附加"按钮，再单击两个切角圆柱体，这样三个对象就变成一个复合对象，如图5-48所示。

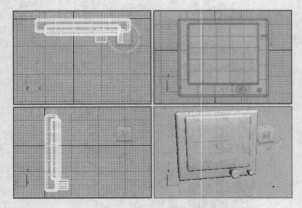

图5-47　绘制两个切角圆柱体

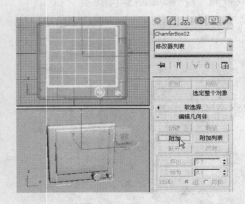

图5-48　复合对象

（7）下面进行布尔运算。选择大的切角长方体，在命令面板上单击"创建"按钮◈，显示"创建"命令面板，然后单击"几何体"按钮○，单击下拉按钮，在下拉列表中选择"复合对象"选项，再单击"布尔"按钮，然后单击 拾取操作对象B 按钮，单击复合对象，这时效果如图5-49所示。

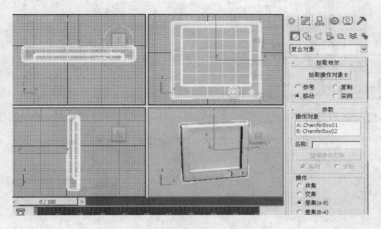

图5-49 布尔运算效果

（8）下面来制作显示器调整按钮。单击"切角圆柱体"工具按钮 切角圆柱体 ，在前视图中绘制切角圆柱体，调整其参数与位置后，如图5-50所示。

（9）单击"球体"按钮 球体 ，在前视图中绘制一个小球体，再进行布尔运算，运算后效果如图5-51所示。

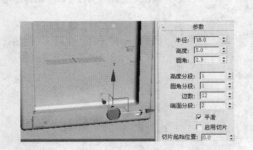

图5-50 绘制切角圆柱体

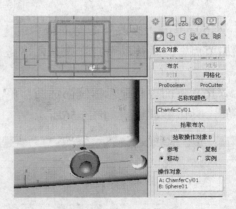

图5-51 布尔运算效果

（10）绘制显示器开关按钮。单击"切角圆柱体"工具按钮 切角圆柱体 ，在前视图中绘制切角圆柱体，调整其参数与位置后，如图5-52所示。

（11）利用放样制作显示器后面部分。单击"线"工具按钮 线 ，在顶视图中绘制一条直线，作为放样的路径。

（12）单击"矩形"工具按钮 矩形 ，在前视图中绘制矩形，设置长度为300，宽度为340，角半径为10，如图5-53所示。

（13）在命令面板上单击"创建"按钮，显示"创建"命令面板，然后单击"几何体"按钮，单击下拉按钮，在下拉列表中选择"复合对象"选项，再单击"放样"按钮。

（14）选择直线，单击 获取图形 按钮，再单击前视图中的矩形，并改变颜色为"白色"，放样效果如图5-54所示。

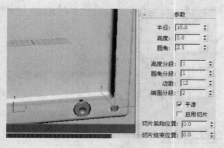

图5-52　显示器开关按钮

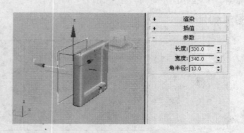

图5-53　绘制矩形

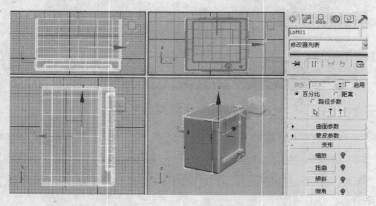

图5-54　放样效果

（15）单击"修改"命令面板中的 缩放 按钮，就会弹出"缩放变形"对话框，利用"增加节点"、"移动节点"按钮，调整放样物体形状，最终"缩放变形"对话框如图5-55所示。

（16）下面进行显示器画面贴图。单击"平面"工具按钮 平面 ，在前视图中绘制一个平面，具体参数设置如图5-56所示。

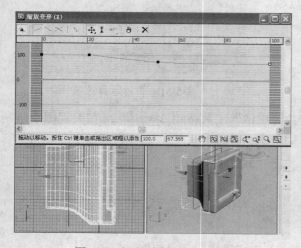

图5-55　调整放样后显示器效果

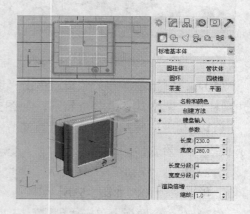

图5-56　绘制平面

（17）选择平面，按下键盘上的"M"键，打开"材质编辑器"对话框，如图5-57所示。

（18）选择一个样本球，然后单击"漫反射"后面的 按钮，弹出"材质/贴图浏览器"对话框，如图5-58所示。

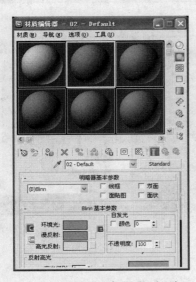

图5-57 "材质编辑器"对话框

图5-58 "材质/贴图浏览器"对话框

（19）双击"材质/贴图浏览器"对话框中的"位图"，弹出"选择位图图像文件"对话框，如图5-59所示。

（20）单击"打开"按钮，就把位图贴在样本球上，具体效果如图5-60所示。

图5-59 "选择位图图像文件"对话框

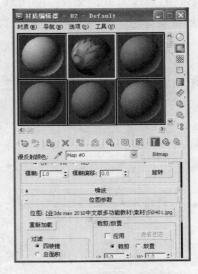

图5-60 位图贴图

（21）单击材质编辑器中的 按钮，然后单击 按钮，即可在视图中可以看到材质效果，如图5-61所示。

（22）选择透视图，然后按下键盘上的"F9"键，就可以看到显示器的渲染效果，如图5-62所示。

（23）单击快速访问工具栏中的"保存文件"按钮，弹出"文件另存为"对话框，文件名为"利用布尔运算创建显示器"，其他为默认，然后单击"保存"按钮即可。

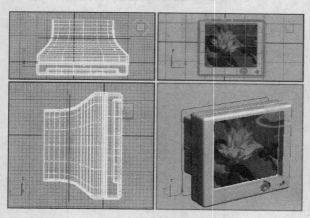

图5-61　显示器效果　　　　　　　　图5-62　显示器渲染效果

5.3　三维对象的修改

　　三维对象的修改包括整体形状修改，如弯曲、锥化、扭曲等；还包括三维物体组成节点的修改，如网络编辑、面片编辑、多边形编辑等。

　　单击"修改"按钮 ![按钮]，进入"修改"命令面板，单击下拉按钮，弹出下拉列表，就可以选择不同的修改方式，如图5-63所示。

　　下面来通过实例讲解一下常用的三维对象修改方式。

5.3.1　利用弯曲修改创建拐棍

　　弯曲修改的功能是，使选择的三维对象沿单一轴向进行弯曲变形，其参数面板如图5-64所示。

图5-63　三维对象的修改方式

图5-64　弯曲参数面板

具体参数及意义如下:

- 弯曲角度:该参数控制三维对象弯曲的度数,一般情况下,正值向右弯曲,负值向左弯曲。
- 弯曲方向:该参数控制弯曲三维对象的水平面的旋转方向。
- 弯曲轴:三维对象的弯曲轴向分三种:X轴、Y轴、Z轴。选择不同的轴向,则弯曲效果不同。
- 限制效果:可以控制弯曲三维对象是否有限制效果,并且可以进一步设置上限与下限量。
- 在对三维对象进行弯曲变形后,还可以进一步修改弯曲的中心位置及弯曲外形体。

下面讲解如何利用弯曲修改创建拐棍。

(1)单击快速访问工具栏中的"新建场景"按钮 ,新建场景。

(2)单击"软管"工具按钮 软管 ,在顶视图中绘制一个自由软管,具体参数设置与效果如图5-65所示。

(3)单击"修改"按钮 ,进入"修改"命令面板,单击下拉按钮,选择"弯曲"选项,设置不同的弯曲角度就会出现不同的效果,在这里设置弯曲120度,效果如图5-66所示。

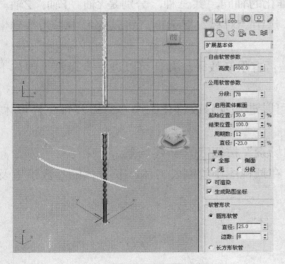

图5-65 自由软管具体参数设置与效果

图5-66 弯曲效果

(4)下面设置上限效果,即选中"限制效果"项,然后设置上限为120,如图5-67所示。

(5)接下来调整中心点。选择中心点,单击常用工具栏中的"选择并移动"按钮 ,向上调整中心位置,最终效果如图5-68所示。

(6)单击快速访问工具栏中的"保存文件"按钮 ,弹出"文件另存为"对话框,文件名为"利用弯曲修改创建拐棍",其他为默认,然后单击"保存"按钮即可。

5.3.2 利用锥化修改创建立柱

锥化修改的功能是,使选择的三维对象一端大,另一端小,其参数面板如图5-69所示。

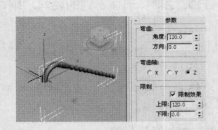

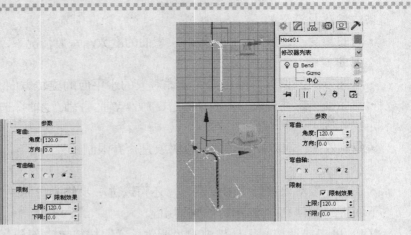

图5-67　上限120效果　　　　　　　　　图5-68　调整中心位置后效果

具体参数及意义如下：

- 锥化数量：该参数控制三维对象的锥化程度，数值大于0，则放大，小于0则缩小。
- 锥化曲线：该参数控制三维对象锥化曲线是内凹还是外凸，数值大于0，曲线外凸，小于0则内凹。
- 锥化轴：该参数用来设置三维对象锥化的轴向，共三种，分别是X轴、Y轴、Z轴，默认为Z轴。"效果"则设定为XY轴。选中"对称"复选框，将以变形中心为基础生成对称造型。
- 限制效果：可以控制锥化三维对象是否有限制效果，并且可以进一步设置上限与下限量。
- 在对三维对象进行锥化变形后，还可以进一步修改锥化的中心位置及锥化外形体。

下面讲解如何利用锥化修改创建立柱。

（1）单击快速访问工具栏中的"新建场景"按钮　，新建场景。

（2）单击"长方体"按钮　长方体　，在顶视图中绘制长方体，长方体的参数设置及效果如图5-70所示。

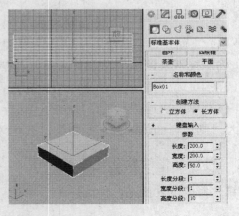

图5-69　锥化参数面板　　　　　　　　　图5-70　绘制长方体

提示 在绘制长方体时，其高度分段为10，如果其高度分段为1，则锥化效果不明显。

（3）单击"修改"按钮 🖊，进入"修改"命令面板，单击下拉按钮，选择"锥化"选项，设置锥化数量为 - 0.5，锥化曲线为0.5，锥化主轴为*Z*，锥化效果为*XY*，上限为48，如图5-71所示。

（4）单击"切角长方体"工具按钮 切角长方体，在前视图中绘制切角长方体，设置长度为100，宽度为100，高度为1200，圆角为10，如图5-72所示。

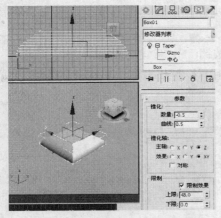

图5-71 锥化具体参数设置及效果

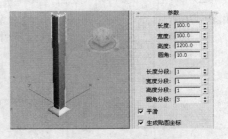

图5-72 切角长方体参数设置与效果

（5）选择锥化对象，单击主工具栏中的"镜像"按钮 🔊，弹出"镜像"对话框，设置镜像轴为*Z*，偏移距离为1250，"克隆当前选择"为"复制"，如图5-73所示。

（6）设置好后，单击"确定"按钮，就可以看到立柱效果，如图5-74所示。

图5-73 "镜像"对话框

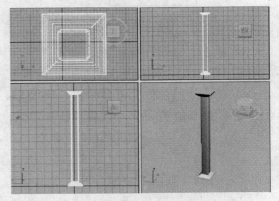

图5-74 立柱效果

（7）单击快速访问工具栏中的"保存文件"按钮 🖫，弹出"文件另存为"对话框，文件名为"利用锥化修改创建立柱"，其他为默认，然后单击"保存"按钮即可。

5.3.3 利用扭曲修改创建钻头

扭曲修改的功能是，使选择的三维对象沿着单一轴向进行扭曲变形处理，其参数面板如图5-75所示。

具体参数及意义如下：

· 扭曲角度：该参数控制三维对象的扭曲角度。

· 扭曲偏移：该参数控制三维对象扭曲所偏向的端点，其取值范围在-100~100。当该参数为负值时，扭曲接近对角的中心点，参数为正值时，扭曲远离对象的中心点。

· 扭曲轴：该参数用来设置三维对象扭曲的轴向，共三种，分别是 X 轴、 Y 轴、 Z 轴，默认为 Z 轴。

· 限制效果：可以控制扭曲的三维对象是否有限制效果，并且可以进一步设置上限与下限量。

· 在对三维对象进行扭曲变形后，还可以进一步修改扭曲的中心位置及扭曲的外形体。

下面讲解如何利用扭曲修改创建钻头。

（1）单击快速访问工具栏中的"新建场景"按钮，新建场景。

（2）单击"长方体"按钮 长方体 ，在顶视图中绘制长方体，长方体的参数设置及效果如图5-76所示。

图5-75 扭曲参数面板

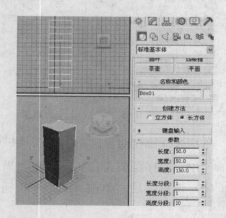

图5-76 绘制长方体

（3）单击"修改"按钮，进入"修改"命令面板，单击下拉按钮，选择"扭曲"选项，设置扭曲角度为360，扭曲轴为 Z ，如图5-77所示。

（4）单击"圆柱体"工具按钮 圆柱体 ，在顶视图中绘制圆柱体，设置半径为32，高度为180，调整其位置后就可以看到钻头效果，如图5-78所示。

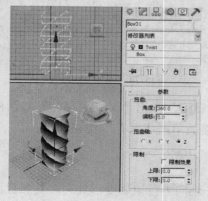

图5-77 扭曲具体参数设置及效果

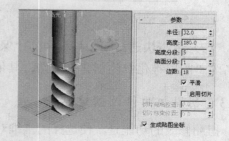

图5-78 钻头效果

（5）单击快速访问工具栏中的"保存文件"按钮🖫，弹出"文件另存为"对话框，文件名为"利用扭曲修改创建钻头"，其他为默认，然后单击"保存"按钮即可。

5.3.4 利用倾斜修改创建快餐桌

倾斜修改的功能是，使选择的三维对象沿着单一轴向进行倾斜变形处理，其参数面板如图5-79所示。

具体参数及意义如下：

- 倾斜数量：该参数控制三维对象的倾斜度大小。
- 倾斜方向：该参数控制三维对象水平方向的倾斜角度。
- 倾斜轴：该参数用来设置三维对象倾斜的轴向，共三种，分别是X轴、Y轴、Z轴，默认为Z轴。
- 限制效果：可以控制倾斜的三维对象是否有限制效果，并且可以进一步设置上限与下限量。
- 在对三维对象进行倾斜变形后，还可以进一步修改倾斜的中心位置及倾斜的外形体。

下面讲解如何利用倾斜修改创建快餐桌。

（1）单击快速访问工具栏中的"新建场景"按钮，新建场景。

（2）单击"长方体"按钮 长方体，在顶视图中绘制长方体，长方体的参数设置及效果如图5-80所示。

图5-79 倾斜参数面板

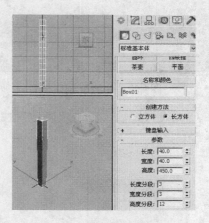

图5-80 绘制长方体

（3）单击"修改"按钮，进入"修改"命令面板，单击下拉按钮，选择"倾斜"选项，并调整中心位置，倾斜具体参数设置及效果如图5-81所示。

（4）选择倾斜对象，单击主工具栏中的"镜像"按钮，弹出"镜像"对话框，设置镜像轴为X，偏移距离为600，"克隆当前选择"为"复制"，如图5-82所示。

（5）设置好后，单击"确定"按钮，即可镜像复制倾斜对象，效果如图5-83所示。

（6）单击"长方体"按钮 长方体，在顶视图中绘制长方体，长方体的参数设置及效果如图5-84所示。

（7）选择三个对象，单击主工具栏中的"镜像"按钮，弹出"镜像"对话框，设置镜像轴为Y，偏移距离为1200，"克隆当前选择"为"复制"，如图5-85所示。

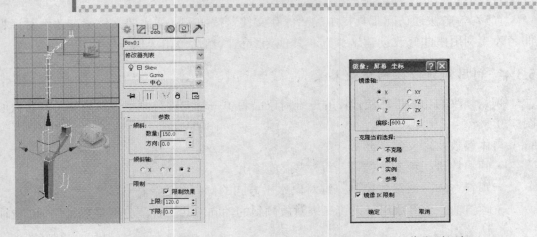

图5-81　倾斜具体参数设置及效果

图5-82　"镜像"对话框

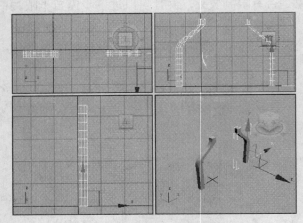

图5-83　镜像复制倾斜对象

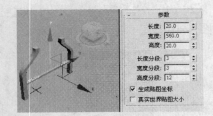

图5-84　绘制长方体

（8）设置好后，单击"确定"按钮，这时效果如图5-86所示。

图5-85　"镜像"对话框

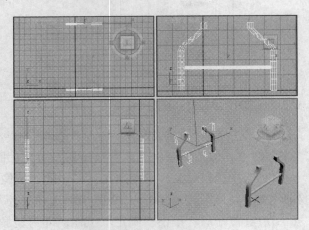

图5-86　镜像复制对象

（9）单击"长方体"按钮 长方体 ，在顶视图中绘制长方体，长方体的参数设置及效果如图5-87所示。

（10）绘制快餐桌面。单击"长方体"按钮 长方体 ，在顶视图中绘制长方体，设置长度为1320，宽度为800，高度为20，效果如图5-88所示。

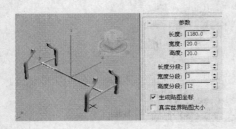

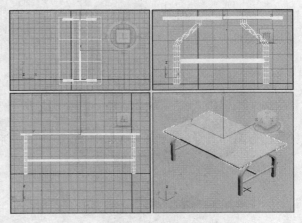

图5-87　长方体的参数设置及效果　　　　　　图5-88　快餐桌效果

（11）单击快速访问工具栏中的"保存文件"按钮，弹出"文件另存为"对话框，文件名为"利用倾斜修改创建快餐桌"，其他为默认，然后单击"保存"按钮即可。

5.3.5　利用挤压修改创建碗

挤压修改的功能是，使选择的三维对象在纵向、横向进行挤压变形处理，其参数面板如图5-89所示。

具体参数及意义如下：

- 轴向凸出：该参数控制三维对象在轴向方向挤压的程度，"数量"是挤压的量，而"曲线"是挤压的程度。
- 径向挤压：该参数控制三维对象在径向方向挤压的程度，"数量"是挤压的量，而"曲线"是挤压的程度。
- 限制效果：可以控制挤压的三维对象是否有限制效果，并且可以进一步设置上限与下限量。
- 效果平衡：该参数可以对挤压后的三维对象在偏移和体积方面进行平衡。
- 在对三维对象进行挤压变形后，还可以进一步修改挤压的中心位置及挤压的外形体。

下面讲解如何利用挤压修改创建碗。

图5-89　挤压参数面板

（1）单击快速访问工具栏中的"新建场景"按钮，新建场景。

（2）单击命令面板上的"球体"按钮 球体 ，在顶视图中绘制球体，球体的参数设置及效果如图5-90所示。

（3）单击"修改"按钮，进入"修改"命令面板，单击下拉按钮，选择"挤压"选项，挤压具体参数设置及效果如图5-91所示。

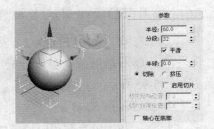

图5-90　绘制球体

（4）进一步调整挤压参数，并调整挤压中心，这时效果如图5-92所示。

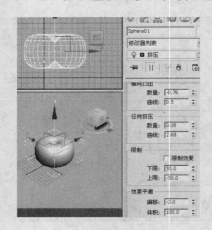

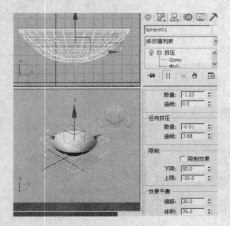

图5-91　挤压具体参数设置及效果　　　　　　图5-92　调整挤压中心

（5）选择挤压对象，单击主工具栏中的"镜像"按钮 ，弹出"镜像"对话框，设置镜像轴为Y，偏移距离为0，"克隆当前选择"为"复制"，如图5-93所示。

（6）设置好后，单击"确定"按钮，然后单击主工具栏中的"选择并缩放"按钮，调整复制挤压对象的大小后效果如图5-94所示。

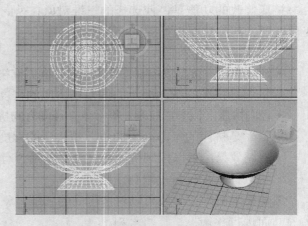

图5-93　"镜像"对话框　　　　　　图5-94　碗效果

（7）单击快速访问工具栏中的"保存文件"按钮 ，弹出"文件另存为"对话框，文件名为"利用挤压修改创建碗"，其他为默认，然后单击"保存"按钮即可。

5.3.6　利用FFD修改创建老板椅

FFD修改可以分为FFD2×2×2、FFD3×3×3、FFD4×4×4、FFD（长方体）、FFD（圆柱体），其作用是把三维对象分成不同的控制，利用控制点的改变使三维对象变形，其参数面板如图5-95所示。

具体参数及意义如下：

• 尺寸：利用该参数可以设置控制点的个数，单击 设置点数 按钮，弹出"设置FFD尺寸"对话框，如图5-96所示。

图5-95 FFD（长方体）参数面板 图5-96 "设置FFD尺寸"对话框

- 显示：可以以晶格显示，也可以以源体积显示。
- 变形：可以设置是所有顶点都变形，还是只有内部顶点变形，可以进一步设置张力与连续性的大小。
- 选择：设置顶点变形的轴向——X轴、Y轴、Z轴。

下面讲解如何利用FFD修改创建老板椅。

（1）单击快速访问工具栏中的"新建场景"按钮 ，新建场景。

（2）单击"切角长方体"工具按钮 切角长方体 ，在顶视图中绘制切角长方体，设参数设置与效果如图5-97所示。

（3）单击"修改"按钮 ，进入"修改"命令面板，单击下拉按钮，选择"FFD4×4×4"选项，然后选择中间顶点，单击主工具栏中的"选择并移动"按钮 ，调整其位置后，效果如图5-98所示。

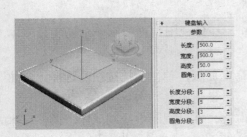

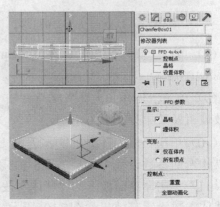

图5-97 绘制切角长方体 图5-98 FFD修改效果

（4）按下键盘上的"Shift"键，复制对象，然后单击常用工具栏中的"选择并旋转"按钮○，对复制的对象进行旋转，旋转后效果如图5-99所示。

（5）选择FFD修改中的"控制点"，单击常用工具栏中的"选择并缩放"按钮▦，然后对靠背方体进行进一步顶点缩放，最终效果如图5-100所示。

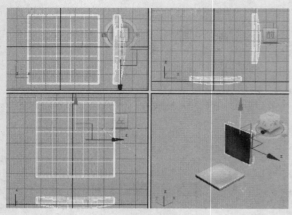

图5-99　旋转后效果　　　　　　　　　　图5-100　靠背方体

（6）单击"切角长方体"工具按钮 切角长方体 ，在左视图中绘制切角长方体，参数设置与效果如图5-101所示。

（7）单击"修改"按钮✐，进入"修改"命令面板，单击下拉按钮，选择"弯曲"选项，具体弯曲参数设置与效果如图5-102所示。

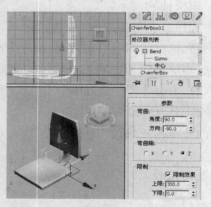

图5-101　绘制切角长方体　　　　　　　图5-102　弯曲参数设置与效果

（8）单击"圆柱体"工具按钮 圆柱体 ，在顶视图中绘制圆柱体，具体参数设置及效果如图5-103所示。

（9）单击"切角长方体"工具按钮 切角长方体 ，在顶视图中再绘制一个切角长方体，具体参数设置及效果如图5-104所示。

（10）单击"修改"按钮✐，进入"修改"命令面板，单击下拉按钮，选择"弯曲"选项，具体弯曲参数设置与效果如图5-105所示。

（11）单击命令面板上的"球体"按钮 球体 ，在顶视图中绘制球体，调整球体的位置，球体参数设置与效果如图5-106所示。

图5-103 绘制圆柱体

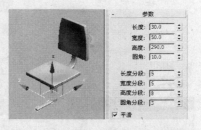

图5-104 切角长方体参数设置与效果

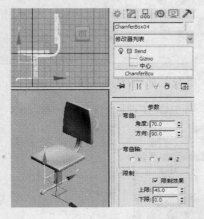

图5-105 弯曲参数设置与效果

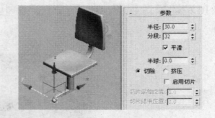

图5-106 绘制球体

（12）选择球体与弯曲的腿，单击菜单栏中的"组→成组"命令，弹出"组"对话框，如图5-107所示。

（13）单击"确定"按钮，然后调整组的轴心。单击"层次"按钮 品，然后单击面板中的 仅影响轴 按钮，调整轴心的位置，调整后如图5-108所示。

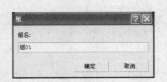

图5-107 "组"对话框

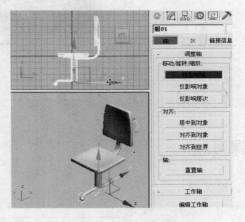

图5-108 调整轴心位置

（14）下面就可以旋转复制椅腿了。单击常用工具栏中的"选择并旋转"按钮 ○；按下"Shift"键，进行旋转复制，这时弹出"克隆选项"对话框，设置对象为"复制"，副本数为"5"，如图5-109所示。

（15）设置好各项参数后，单击"确定"按钮，这时效果如图5-110所示。

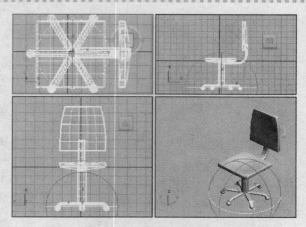

图5-109　克隆选项对话框　　　　　　　　　图5-110　旋转复制效果

（16）选择透视图，然后按下键盘上的"F9"键，就可以看到老板椅的渲染效果，如图5-111所示。

图5-111　老板椅渲染效果

（17）单击快速访问工具栏中的"保存文件"按钮，弹出"文件另存为"对话框，文件名为"利用FFD修改创建老板椅"，其他为默认，然后单击"保存"按钮即可。

本课习题

填空题

（1）放样建模是_____，它的本质是
_____。

（2）放样物体的变形修改共有_____种，分别是_____、_____、
_____、_____、_____。

（3）布尔运算操作共有_____种，分别是_____、_____、
_____。

（4）布尔运算应注意的是＿＿＿＿＿＿＿＿＿＿＿＿＿＿＿＿＿＿＿＿＿＿＿。

（5）网格修改属于三维物体修改中的＿＿＿＿＿＿＿＿修改，而弯曲修改属于三维物体修改中的＿＿＿＿＿＿修改。

简答题

（1）简述如何修改放样物体的图形，它的主要作用是什么？

（2）简述如何修改放样物体的路径。

（3）简述常用的5种三维修改方法。

上机操作

（1）利用放样工具制作如图5-112所示的美人榻造型。

（2）利用布尔运算和三维物体的修改制作如图5-113所示的客厅框架图。

图5-112　美人榻

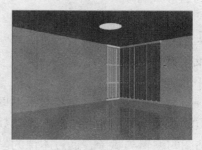

图5-113　客厅框架图

第6课

材质和贴图

本课知识结构及就业达标要求

本课知识结构具体如下：

- 为台灯赋材质
- 为餐桌赋玻璃材质
- 大理石凹凸贴图
- 反射折射贴图
- 平面镜贴图

本课讲解材质编辑器各项参数及贴图的应用，重点讲解材质编辑器各组成部分的功能及标准材质的各项参数，如明暗器基本参数、基本参数、扩展参数等，并通过具体的实例讲解材质和贴图的编辑与赋予。通过本课的学习，掌握材质编辑器和贴图的应用，从而设计制作出真实感、艺术感更强的作品来。

6.1　为台灯赋材质

任何对象都有各自的表面特征，怎样成功地表现各个对象不同的质感、颜色、属性是三维建模领域中一个难点。只有解决了这个难点，才能使作品中的各个对象更具真实感。在3ds Max中，通过使用材质与贴图功能，就能非常出色地解决这个问题。材质编辑器功能非常强大，可以装饰、着色各三维对象，从而表现出三维对象的真实质感。

单击主工具栏中的"材质编辑器"按钮，或按下键盘上的"M"键，当然也可以单击菜单栏中的"渲染→材质编辑器"命令，打开"材质编辑器"对话框，从而进行材质的编辑，如图6-1所示。

下面先来讲解一下材质编辑器的基本操作与应用。

6.1.1　材质样本球窗口

材质编辑器的样本球窗口共包含24个样本球，可以以每行3、5、6个球的不同形式显示，具体操作是选择一个样本球，单击右键，在弹出菜单中选择不同的显示方式，具体效果如图6-2所示。

图6-1　"材质编辑器"对话框

为了更清楚地看清样本球所赋予的材质和贴图，双击样本球，就可以放大样本球，放大样本球效果如图6-3所示。

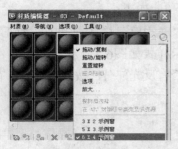

图6-2　样本球的不同显示方式

图6-3　放大样本球

样本球的复制：选择一个样本球，按下鼠标并拖动，就会复制该样本球及其所拥有的材质与贴图，拖到另一个样本球上松开鼠标，则把材质与贴图效果复制到该样本球上。

样本球的三种状态：选择状态、未选择状态、材质赋予场景中，具体效果如图6-4所示。

选择状态　　　　　　　未选择状态　　　　　材质赋予场景中状态

图6-4　样本球的三种状态

还可以改变样本球的环境灯光，操作方法是：单击右键，在弹出菜单中选择"选项"命令，弹出"材质编辑器选项"对话框，如图6-5所示。

单击"环境灯光"后的颜色按钮，就会弹出"颜色选择器：环境光"对话框，在这里可以设置环境光的具体颜色，如图6-6所示。

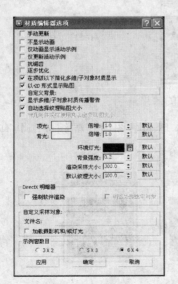

图6-5　"材质编辑器选项"对话框

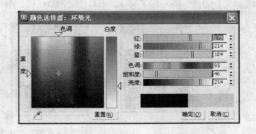

图6-6　调整环境光颜色

在"颜色选择器：环境光"对话框中，可以利用色调与白度来调整，也可以利用红、绿、蓝三色来调整，还可以利用色调、饱和度、亮度来调整。设置好颜色后，单击"确定"按钮即可。

6.1.2　材质样本球工具列和工具行

材质样本球工具列共有9个工具按钮，各工具按钮功能如下：

- "采样类型"按钮○：利用该按钮可以设置样本球的显示样式，共有三种○◻◻，分别是球体、圆柱体、方体。样本球的不同显示样式如图6-7所示。
- "背光"按钮○：利用该按钮可以设置样本球是否有反光部分，按钮按下时，有反光，否则无反光，具体效果如图6-8所示。

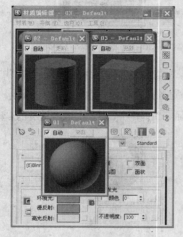

无反光　　　　有反光

图6-7　样本球的不同显示样式　　　　　图6-8　背光的设置

- "背景"按钮▦：该按钮主要用来设置是否可以见到背景，主要用到透明度样本球，设透明度为50，背景是否可见的效果如图6-9所示。

图6-9　透明度为50和背景是否可见的效果

- "采样UV平铺"按钮◻：利用该按钮可以设置样本球的贴图由几幅组成，共有四种◻▦▦▦，分别1、4、9、16，具体效果如图6-10所示。

图6-10　UV平铺贴图效果

- "视频颜色检查"按钮▦：该按钮主要用来检查除NTSC和PAL以外的视频信号的颜色。

- “生成预览”按钮：该按钮的功能是为动画材质产生预览文件，单击按钮会弹出如图6-11所示的“创建材质预览”对话框。可以设置预览范围、帧速率、图像大小。
- “选项”按钮：单击该按钮会弹出“材质编辑器选项”对话框，如图6-5所示。
- “按材质选择”按钮：单击该按钮，会弹出“选择对象”对话框，在该该对话框中显示了所有已赋予材质的三维对象，可以按材质来选择对象，如图6-12所示。

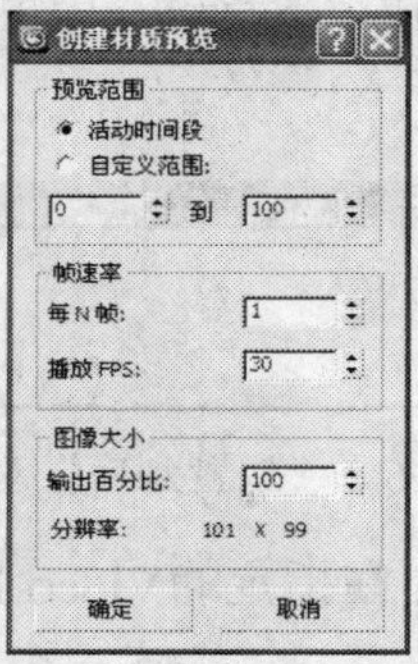

图6-11　“创建材质预览”对话框

图6-12　“选择对象”对话框

- “材质/贴图导航器”按钮：单击该按钮，会弹出“材质/贴图导航器”对话框，在该对话框中可以看到材质的层次，选择不同的项，则材质编辑器显示该项的参数修改面板，如图6-13所示。

材质样本球工具行共有12个工具按钮，各工具按钮功能如下：

- “获取材质”按钮：单击该按钮会弹出“材质/贴图浏览器”对话框，如图6-14所示，在该对话框中可以选择不同的材质，也可以选择不同的贴图。

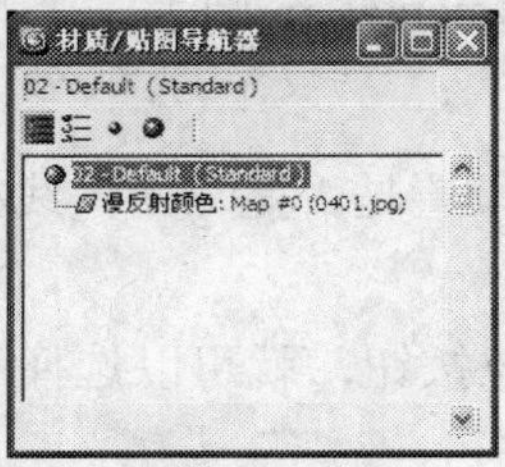

图6-13　“材质/贴图导航器”对话框

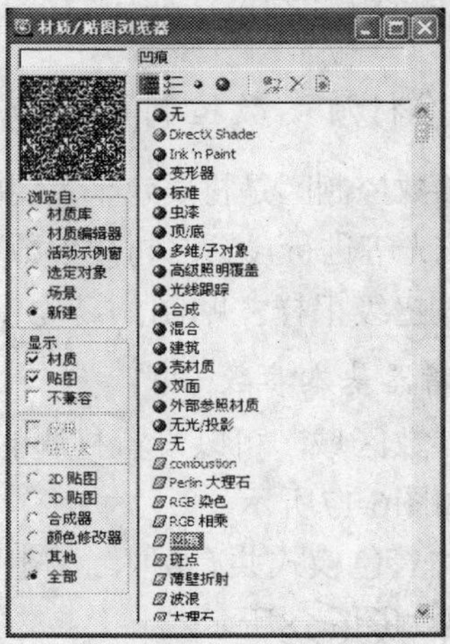

图6-14　“材质/贴图浏览器”对话框

- “将材质放入场景中”按钮：该按钮的作用是把从场景中选取的材质返回场景，即把当前材质修改为同步材质。
- “将材质赋给选择对象”按钮：设置样本球窗口中的材质为同步材质，即当编辑样本球材质时，场景中的已赋该材质的对象也跟着改变。

- "重置贴图/材质为默认设置"按钮✕：把样本球窗口中的样本球恢复到系统的默认设置。即如果一个样本球已赋材质或贴图，现在不想要了，就可以单击该按钮，单击后会弹出提示对话框，如图6-15所示。单击"是"按钮，则把样本球恢复到系统的默认设置。
- "复制材质"按钮：单击该按钮，就可以复制一个样本球材质，再利用"将材质放入场景中"按钮，把从场景中选取的材质返回场景。
- "使唯一"按钮：单击该按钮，生成唯一的材质样本。
- "放入材质库"按钮：单击该按钮，弹出"放置到库"对话框，如图6-16所示，单击"确定"按钮，就可以把当前材质放入材质库中。

 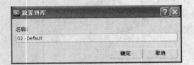

图6-15　提示对话框　　　　　　　　图6-16　"放置到库"对话框

- "材质ID通道"按钮：利用该按钮可以把材质保存在指定的Video Post通道中，从而生成特殊的效果，共有16个材质效果通道。
- "在视口中显示标准贴图"按钮：单击该按钮，就会在场景中显示材质的贴图效果，即在材质编辑器中看到效果的同时在场景中看到。
- "显示最终效果"按钮，单击该按钮后，按钮形状变成，就会显示当前材质的最终效果。
- "转向父级"按钮，当样本球赋予高级材质，如双面材质、混合材质、合成材质等时，利用该按钮可以将材质编辑器返回上一级修改参数面板。
- "转向另一个同级"按钮：当样本球赋予高级材质，如双面材质、混合材质、合成材质等时，利用该按钮可以将材质编辑器切换到另一个同级修改参数面板。

6.1.3　标准材质参数控制区

材质参数控制区是材质效果重要的设置区域，可以对材质的类型、材质的颜色、透明度、高光、自发光等进行设置，材质参数控制区共分8层，分别是：明暗器基本参数、基本参数、扩展参数、超级采样、贴图、动力学属性、DirectX管理器和mental ray连接。

1. 明暗器基本参数

在该参数区域，可以设置材质的着色模式，同时还可以设置是否是双面、线框、面贴图和面状，如图6-17所示。

材质的着色模式共有8种，单击明暗器基本参数中的下拉按钮，就可以选择不同的着色模式，具体如图6-18所示。

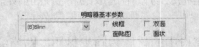

图6-17　明暗器基本参数　　　　　　图6-18　材质的着色模式

各着色模式意义如下：

- 各向异性：该着色模式可以设置三维对象有多个高光点，通过两个方向上阴影的改变形成椭圆形的高光和阴影。
- Blinn（布林尼）：该着色模式是最常用的着色模式，它的高光区域比较柔合，在对象表面产生柔和、均匀的漫反射效果，接近现实生活中对象对光的表现方式。
- （M）金属：该着色模式可以产生逼真的金属质感，用来表现金属、玻璃和钻石材质效果，并且可以产生强镜面反射材质的材质效果。
- （ML）多层：该着色模式可以设置两层高光区域效果。
- Oren-Nayar_Blinn（类金属布林尼）：该着色模式可以控制材质的粗糙程度，产生粗糙的材质效果。
- Phong（平滑）：该着色模式对高光色、环境光色和漫反射光色提供更清晰的表现，产生比Blinn模式更强的反射效果，用来制造介于镜面反射和粗糙表面漫反射之间的光反射效果，主要用在类似塑料、光滑油漆等的对象表面。
- Strauss（司创斯）：该模式产生类似金属类型的材质效果。
- 半透明明暗器：该着色模式用来设置具有透明材质的对象效果。

其他各参数意义如下：

- 线框：如果选中该项，三维对象只显示线框，并且线框的粗细可以通过扩展参数来调整。赋予线框后效果如图6-19所示。

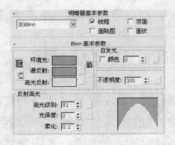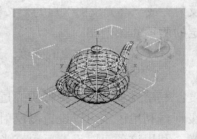

图6-19 赋予线框效果

- 双面：为了节省计算机的计算时间，通常只显示对象的外表面，如果选中该项，则会显示对象的全部。
- 面贴图：选择该项后，材质不是赋给造型对象的整体，而是赋给造型的每个面。
- 面状：选择该项后，整个材质显示出小块拼合的效果，如图6-20所示。

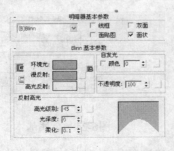

图6-20 赋予面状效果

2．基本参数

在"明暗器基本参数"中，选择不同的着色模式，在基本参数中就显示该着色模式的基本参数，下面来看一下各着色模式的基本参数意义。

（1）各向异性基本参数

在明暗器基本参数中选择"各向异性"着色模式，这时基本参数面板如图6-21所示。各参数意义如下：

· 环境光：用来设置三维对象的阴暗部分反射出来的颜色。

· 漫反射：用来设置三维对象反射直接光源所产生的颜色。

· 高光反射：用来设置三维对象反射光源，通常为对象上最亮的光点。环境光、漫反射、高光反射的设置方法相同，单击颜色块，就会弹出"颜色选择器"对话框，在这里可以设置各项的具体颜色，如图6-22所示。

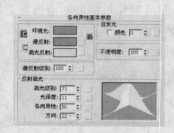

图6-21　各向异性基本参数

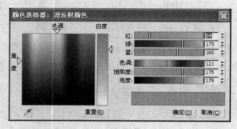

图6-22　"颜色选择器"对话框

单击"漫反射"或"高光反射"后的█按钮，可以进行贴图。单击"锁定"按钮█，可以设置保证锁定的两项的颜色相同。

· 自发光：可以设置自发光对象的强度，还可以设置自发光的颜色，并且还可以进行贴图处理。

· 不透明度：利用该项可以设置材质的透明度，其设置越高，透明度越低。

· 漫反射级别：利用该项可以设置漫反射的程度，其设置越高，反射程度越高。

· 反射高光：利用该项可以设置反射高光的级别、光泽度、各向异性、方向。

（2）Blinn基本参数

在"明暗器基本参数"中选择"Blinn"着色模式，这时基本参数面板如图6-23所示。其中环境光、漫反射、高光反射、自发光、不透明度参数同各向异性基本参数，这里不再重复。还要注意其反射高光只有三个参数，分别是高光级别、光泽度、柔化。

在明暗器基本参数中选择"金属"着色模式，这时基本参数面板如图6-24所示。

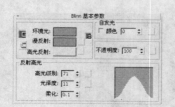

图6-23　Blinn基本参数

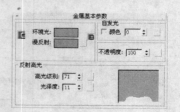

图6-24　金属基本参数

其中环境光、漫反射、白发光、不透明度参数同各向异性基本参数，这里不再重复。还要注意其反射高光只有两个参数，分别是高光级别、光泽度。

（3）多层基本参数

在"明暗器基本参数"中选择"多层"着色模式，这时基本参数面板如图6-25所示。其中环境光、漫反射、自发光、不透明度、漫反射级别参数同各向异性基本参数，这里不再重复。还要注意可以设置粗糙度、第一高光反射层、第二高光反射层。

（4）Oren-Nayar_Blinn基本参数

在明暗器基本参数中选择"Oren-Nayar_Blinn"着色模式，这时基本参数面板如图6-26所示。

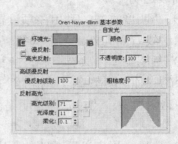

图6-25　多层基本参数　　　　　　　图6-26　Oren-Nayar_Blinn基本参数

各参数意义前面都已讲过，这里不再重复。

（5）Phong基本参数

在"明暗器基本参数"中选择"Phong"着色模式，这时基本参数面板如图6-27所示。各参数意义前面都已讲过，这里不再重复。

（6）Strauss基本参数

在"明暗器基本参数"中选择"Strauss"着色模式，这时基本参数面板如图6-28所示。

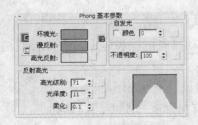

图6-27　Phong基本参数　　　　　　图6-28　Strauss基本参数

各参数意义前面都已讲过，这里不再重复。

（7）半透明明暗器基本参数

在明暗器基本参数中选择"半透明明暗器"着色模式，这时基本参数面板如图6-29所示。各参数意义前面都已讲过，这里不再重复。

3. 扩展参数

在"明暗器基本参数"中，选择不同的着色模式，在扩展参数中就显示该着色模式的扩展参数，下面以"Blinn"着色模式为例来讲一下扩展参数，具体参数如图6-30所示。

图6-29　半透明基本参数　　　　　图6-30　扩展参数

各项参数意义如下：

· 高级透明

（1）透明度衰减：利用该项设置材质的透明度的衰减程度。选择"内"单选按钮，透明度沿球法线方向向外减弱，选择"外"单选按钮，透明度沿球法线方向向外增强。

（2）透明类型：共有三种，"相减"透明是将材质的颜色减去背景色，使材质背后的颜色变深的一种透明类型。"相加"透明是将材质的颜色加上背景色，使材质背后的颜色变亮的一种透明类型。"过滤"透明是使用特殊的颜色转换方法，将材质背后的颜色染成不同的颜色。

（3）数量：用来设置透明的大小。其值越大，透明度越强。

（4）折射率：根据不同材质，可以设置材质的折射率，如水的折射率为1.33。

· 线框：设置线框的大小。线框大小的单位有两种，一是"像素"：即网格粗细根据屏幕的像素多少来设定，所以该单位与摄像机距离对象的远近无关。另一是"单位"。

· 反射暗淡：设置暗淡级别的大小和反射级别大小。

4. 超级采样参数

超级采样参数主要用来优化渲染效果，具体如图6-31所示。

各项参数意义如下：

· 使用全局设置：在默认状态下，使用全局设置。

· 启用局部超级采样器：选择该项后，系统会自动具有抗锯齿能力，这样会使渲染的图画质量较好，但计算机的运行速度较慢。

· 超级采样贴图：选择该项后，系统会在编辑时就具有抗锯齿能力。

· 设置不同的超级采样类型：在3ds Max中，共有4种采样类型，具体如下：

（1）Hammersley：该类型有4到40个采样数，在X方向是规则的，在Y方向是随机的，还可以设置该类型的采样数质量，质量数的变化范围从0到1，其值越大，采样质量越高。

（2）Max 2.5星：该类型有5个采样数，都为星图案。

（3）自适应Halton：该类型有4到40个采样数，在X和Y方向是随机的图案，还可以进一步设置采样的质量，及是否使用自适应。

（4）自适应均匀：该类型有4到36个采样数，是正方形或规则的其他图案图形，还可以进一步设置采样的质量，及是否使用自适应。

5. 动力学属性参数

动力学属性参数用来设置当对象发生运动并碰撞时，对象的材质发生的变化，具体参数如图6-32所示。

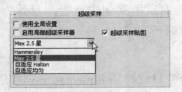

图6-31 超级采样参数　　　　　　　　图6-32 动力学属性参数

各项参数意义如下：

- 反弹系数：利用该项可以设置物体的强度，其值变化范围从0到1，若为0，则弹性最好，当发生碰撞时没有能量损失。
- 静摩擦：利用该项可以设置物体动态变化时的摩擦力，其值变化范围从0到1，若为0，则无静摩擦。
- 滑动摩擦：利用该项可以设置物体滑动时的摩擦力，其值变化范围从0到1，若为0，则无滑动摩擦。

6. DirectX管理器参数

DirectX管理器参数用来设置是否启用插件材质，在3ds Max中插件材质共有2个，分别是"光贴图"和"金属凹凸9"，如图6-33所示。

选择"光贴图"项，就会增加"DirectX明暗器-光贴图"参数，可以进行基础纹理贴图和光贴图的设置，如图6-34所示。

图6-33 DirectX管理器参数　　　　　图6-34 "DirectX明暗器-光贴图"参数

选择"金属凹凸9"项，就会增加"DirectX明暗器-金属凹凸9"参数，如图6-35所示。

各项参数意义如下：

- 环境光和漫反射：单击对应的颜色块，弹出"颜色选择器"对话框，就可以对环境光和漫反射颜色进行设置。还可以设置纹理效果，单击"纹理1"和"纹理2"后面对应的"None"按钮，弹出"选择位图图像文件"对话框，即可选择相应的位图纹理。还可以设置是否使用Alpha，还可以进一步设置"纹理1"和"纹理2"的混合量。
- 高光反射：单击"启用"后的复选框，即可启用高光反射，启用后，就可以设置高光的颜色，还可以设置高光的纹理。
- 凹凸：通过该参数可以为"法线"和"凹凸"分别设置不同的纹理，具体方法是单击其后的"None"按钮，即可弹出"选择位图图像文件"对话框，选择相应的位图纹理。还可以进一步设置凹凸的强度。

· 反射：可以设置"立方体贴图"，单击其后的"None"按钮即可，还可以进一步设置"反射强度"，移动滑块即可。也可以通过拾取对象来创建反射，具体方法是单击 拾取对象并创建 按钮，然后单击具体的三维对象即可。

7. mental ray连接参数

mental ray连接参数可供所有类型的材质（多维/子对象材质和mental ray材质除外）使用。利用mental ray连接参数，可以向常规的3ds Max材质添加mental ray着色。还要注意，这些效果只能在使用mental ray渲染器时看到。mental ray连接参数如图6-36所示。

图6-35　"DirectX明暗器-金属凹凸9"参数　　　图6-36　mental ray连接参数

各项参数意义如下：

· 基本明暗器

（1）曲面：为具有此材质的对象的曲面着色。

（2）阴影：指定阴影明暗器。

· 焦散和GI

（1）光子：指定光子明暗器。光子明暗器影响对象曲面响应光子的方式，即它们控制在生成焦散和全局照明时曲面的行为方式。

（2）光子体积：指定光子体积明暗器。光子体积明暗器影响对象的体积响应光子的方式，即它们控制在生成焦散和全局照明时体积的行为方式。

· 扩展明暗器

（1）置换：指定位移明暗器。

（2）体积：指定体积明暗器。

（3）环境：指定环境明暗器。环境明暗器提供材质本地的环境。如果材质能够进行反射或是透明的，则可以看到该明暗器。

· 高级明暗器

（1）轮廓：指定轮廓明暗器。

（2）光贴图：指定光贴图明暗器。

提示　　3ds Max不提供光贴图明暗器。该选项提供给那些能够通过其他明暗器库访问光贴图明暗器或自定义明暗器代码的用户。

·优化：选中"将材质标记为不透明"项，表示材质完全不透明。这表明mental ray渲染器不需要处理此材质的透明度，也不需要使用阴影明暗器，这可以缩短渲染时间。

6.1.4 台灯材质的设计

（1）单击快速访问工具栏中的"打开文件"按钮 📂，弹出"打开文件"对话框，如图6-37所示。

（2）选择要打开的文件后，单击"打开"按钮，就可以打开文件，如图6-38所示。

图6-37 "打开文件"对话框 　　　　　　　　图6-38 台灯

（3）先来给灯罩赋材质。选择灯罩，按下键盘上的"M"键，选择一个样本球，然后设置"自发光"为100，漫反射颜色为白色，具体参数设置如图6-39所示。

（4）单击"将材质赋给选择对象"按钮 📇，然后单击"在视口中显示贴图"按钮 📰，这时就把材质赋予了对象，效果如图6-40所示。

图6-39 灯罩材质参数设置 　　　　　　　　图6-40 把材质赋予对象

（5）下面为台灯的其他部分赋金属材质。选择台灯的其他部分，然后选择一个样本球，选择"金属"着色模式，环境光和漫反射颜色都为"金黄色"，自发光为"50"，高光级别为"336"，光泽度为"14"，如图6-41所示。

（6）单击"将材质赋给选择对象"按钮 📇，然后单击"在视口中显示贴图"按钮 📰，这时就把材质赋予了对象，效果如图6-42所示。

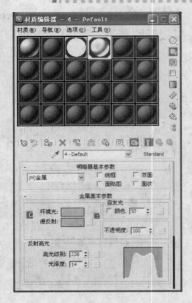

图6-41　金属材质参数设置　　　　　　　　　　图6-42　金属材质效果

（7）选择透视图，然后按下键盘上的"**F9**"键，就可以看到赋予材质后的台灯的渲染效果，如图6-43所示。

图6-43　赋予材质后的台灯的渲染效果

（8）单击快速访问工具栏中的"保存文件"按钮 ，弹出"文件另存为"对话框，文件名为"为台灯赋材质"，其他为默认，然后单击"保存"按钮即可。

6.2　为餐桌赋玻璃材质

（1）单击快速访问工具栏中的"打开文件"按钮 ，弹出"打开文件"对话框，打开第2课创建的餐桌，如图6-44所示。

（2）先来给餐桌的桌面赋玻璃材质。选择它们，按下键盘上的"**M**"键，选择一个样本球，选择"金属"着色模式，环境光和漫反射颜色都为"白色"，自发光为"80"，高光级别为"300"，光泽度为"30"，如图6-45所示。

图6-44 餐桌

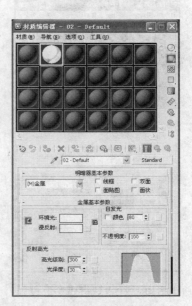

图6-45 "材质编辑器"对话框

（3）单击"扩展参数"选项卡，设置衰减为"内"，数量为"100"，如图6-46所示。

（4）单击"将材质赋给选择对象"按钮，然后单击"在视口中显示贴图"按钮，这时就把材质赋予了对象，选择透视图，然后按下键盘上的"F9"键，效果如图6-47所示。

图6-46 扩展参数设置

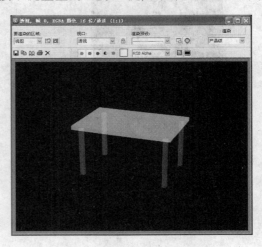

图6-47 玻璃材质渲染效果

（5）下面为餐桌其他部分赋木材材质。选择餐桌的其他部分，然后选择一个样本球，选择"Phong"着色模式，环境光和漫反射颜色都为"暗红色"，自发光为"30"，高光级别为"95"，光泽度为"12"，柔化为"0.23"，如图6-48所示。

（6）单击"漫反射"后面的■按钮，弹出"材质/贴图浏览器"对话框，选择"木材"项，如图6-49所示。

（7）选择"木材"后，单击"确定"按钮，这时漫反射后的按钮上显示"M"，样本球放大效果如图6-50所示。

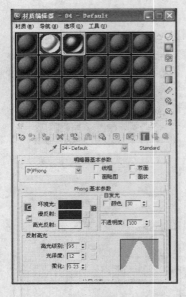

图6-48 样本球材质参数设置

图6-49 "材质/贴图浏览器"对话框

（8）单击"将材质赋给选择对象"按钮，然后单击"在视口中显示贴图"按钮，这时就把材质赋予了对象，选择透视图，然后按下键盘上的"F9"键，效果如图6-51所示。

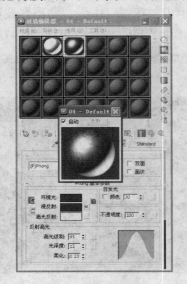

图6-50 木材材质设置

图6-51 赋材质后的餐桌渲染效果

（9）单击快速访问工具栏中的"保存文件"按钮，弹出"文件另存为"对话框，文件名为"为餐桌赋玻璃材质"，其他为默认，然后单击"保存"按钮即可。

6.3 大理石凹凸贴图

贴图在3ds Max中非常重要，并且运用广泛，但是要注意贴图并不是把图案或位图直接帖到物体表面上，而是作为材质的一种属性。给对象赋材质可以在材质中叠加贴图，在贴图中再嵌套贴图。

6.3.1 贴图通道和UVW贴图坐标

所有的贴图都是通过贴图通道完成的，贴图通道共有12种，分别为环境光颜色、漫反射颜色、高光颜色、高光级别、光泽度、自发光、不透明度、过滤色、凹凸、反射、折射、置换。

按下键盘上的"M"键（输入方法在英文状态下），弹出"材质编辑器"对话框，单击贴图前面的"+"号，就可以看到贴图通道，如图6-52所示。

各贴图通道意义如下：

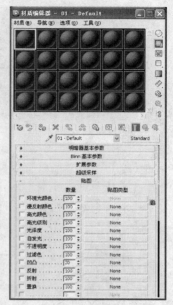

图6-52 贴图通道

- 环境光颜色：单击后面的"None"按钮，就可以把贴图赋予材质的环境光范围区，还可以通过数量来调整影响的大小。
- 漫反射颜色：单击后面的"None"按钮，就可以把贴图赋予材质的漫反射范围区，还可以通过数量来调整影响的大小。
- 高光颜色：单击后面的"None"按钮，就可以把贴图赋予材质的高光范围区，还可以通过数量来调整影响的大小。
- 高光级别：单击后面的"None"按钮，就可以把贴图赋予材质的高光级别影响的范围区，还可以通过数量来调整影响的大小。
- 光泽度：单击后面的"None"按钮，就可以把贴图赋予材质的光泽度影响的范围区，还可以通过数量来调整影响的大小。
- 自发光：单击后面的"None"按钮，就可以把贴图赋予材质的自发光影响的范围区，还可以通过数量来调整影响的大小。
- 不透明度：单击后面的"None"按钮，就可以把贴图赋予材质的不透明度影响的范围区，还可以通过数量来调整影响的大小。
- 过滤色：单击后面的"None"按钮，就可以把贴图赋予材质的过滤色影响的范围区，还可以通过数量来调整影响的大小。
- 凹凸：该贴图通道主要用来设置材质的凹凸效果，一般不单独使用，常与漫反射颜色通道一起使用。
- 反射：该贴图通道是非常常用的通道，是用来表现材质的反射强弱的。
- 折射：该贴图通道主要用于透明材质中，如水、玻璃、大理石等。
- 置换：该贴图通道主要按图片的黑、白、灰色调的深浅置换成挤压力度值，从而对物体产生性质替换的一种贴图方式，即利用图片的明间关系，制作出隆起或凹陷效果。

UVW贴图坐标是一种外置式对象贴图坐标指定方式，作用有两点：一是可以更形象地控制贴图坐标，二是当没有指定贴图坐标时，它可以是一个外来的输入对象。但要注意，当指定一个UVW贴图坐标时，会自动把以前的坐标覆盖。

单击"修改"选项卡 ，进入"修改"面板，单击下拉按钮，选择"UVW贴图"命令，"修改"面板如图6-53所示。

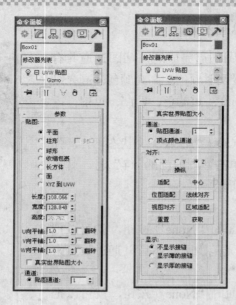

图6-53   UVW贴图修改面板

各参数意义如下：

· 贴图坐标类型：在3ds Max中贴图坐标类型共有7种，分别如下：

（1）平面：贴图映射坐标为一个平面，这是默认的贴图坐标类型。

（2）柱形：贴图映射坐标为圆柱体形状，还可以设置是否封口。

（3）球形：贴图映射坐标为球体形状。

（4）收缩包裹：贴图映射坐标缠绕在对象周围。

（5）长方体：贴图映射坐标为长方体形状。

（6）面：贴图映射坐标为指定的面形状。

（7）XYZ到UVW：贴图映射坐标实现XYZ到UVW对应映射。

· 长度、宽度、高度：分别用来设置不同类型的贴图坐标的长度、宽度、高度值。

· U向平铺、V向平铺、W向平铺：分别用来设置贴图坐标U、V、W方向上贴图的平铺
  个数，默认为1，还可以设置是否进行翻转，是否是真实世界贴图大小。

· 通道：用来设置UVW贴图坐标的贴图通道或顶点颜色通道。

· 对齐：用来设置UVW贴图坐标的对齐轴向及对齐方式，对齐轴向分别为X、Y、Z轴，
  对齐方式有6种，分别是适配、中心、位图适配、法线对齐、视图对齐、区域适配等，
  还可以通过 获取 按钮，自行定义对齐坐标。

· 显示：用来设置是否显示接缝，如果显示接缝，是显示薄的接缝还是显示厚的接缝。

6.3.2 平铺贴图和位图贴图

在前视图中绘制一个长方体，然后按下键盘上的"M"键，打开"材质编辑器"对话框，
单击贴图前面的"+"号，单击"漫反射颜色"后面的"None"按钮，就会弹出"材质/贴图
浏览器"对话框，如图6-54所示。

选择"平铺"，单击"确定"按钮，这时材质编辑器如图6-55所示。

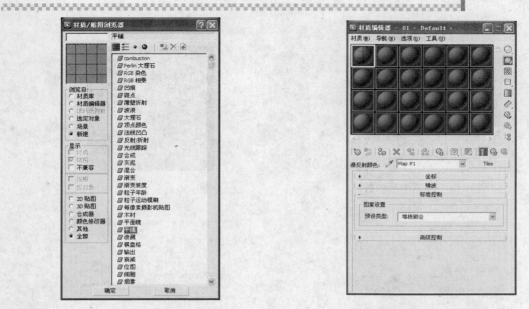

图6-54　"材质/贴图浏览器"对话框　　　　图6-55　平铺贴图参数面板

各参数意义如下：

· 标准控制：其中有不同的图案设置，图案类型如图6-56所示。

不同的图案类型，则平铺效果不同，具体如图6-57所示。

图6-56　平铺图案类型

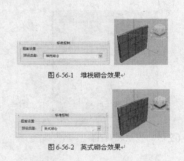

图6-57　不同的图案类型效果

· 高级控制

单击"高级控制"前面的"+"号，就可以看到平铺贴图的高级控制参数，如图6-58所示。

（1）平铺设置：可以设置平铺的纹理，可以设置纹理的水平、垂直间距及颜色变化、淡出变化。

（2）砖缝设置：可以设置砖缝的颜色，水平、垂直间距及孔的大小、粗糙度。

（3）杂项：可以设置随机种子数。

设置参数后，单击"将材质赋给选择对象"按钮，然后单击"在视口中显示贴图"按钮，这时效果如图6-59所示。

· 噪波：可以设置噪波的数量、级别、大小，具体参数如图6-60所示。

· 坐标：可以设置平铺贴图的起始位置、个数、是平铺或镜像、角度旋转，具体参数如图6-61所示。

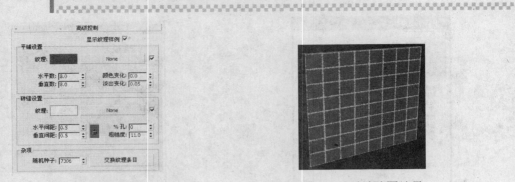

图6-58　高级控制参数

图6-59　平铺贴图效果

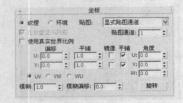

图6-60　噪波参数

图6-61　坐标参数面板

单击 旋转 按钮，弹出"旋转贴图坐标"对话框，可以动态调整UVW坐标的角度，如图6-62所示。

调整坐标参数后，平铺贴图的效果如图6-63所示。

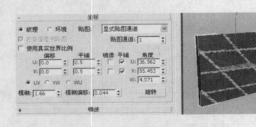

图6-62　"旋转贴图坐标"对话框

图6-63　参数设置及效果

图6-64　"材质/贴图浏览器"对话框

位图贴图是3ds Max中最常用的贴图方式，功能非常强大，但操作简单，具体如下：

在前视图中绘制一个长方体，然后按下键盘上的"M"键，打开"材质编辑器"对话框，单击贴图前面的"+"号，单击"漫反射颜色"后面的"None"按钮，就会弹出"材质/贴图浏览器"对话框，如图6-64所示。

选择"位图"，单击"确定"按钮，弹出"选择位图图像文件"对话框，如图6-65所示。

选择位图后，单击"打开"按钮，这时就可以看到位图贴图参数，如图6-66所示。

单击"将材质赋给选择对象"按钮，然后单击"在视口中显示贴图"按钮，这时效果如图6-67所示。

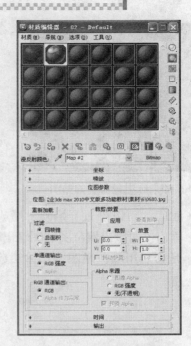

图6-65 "选择位图图像文件"对话框　　　　　图6-66 位图贴图参数

各参数意义如下：

· 位图参数

（1）位图贴图的位置：单击"位图"后的按钮，弹出"选择位图图像文件"对话框，可以重新选择位图文件，选择位图后，再单击"重新加载"按钮即可。

（2）裁剪/放置：进一步设置位图贴图的范围，单击"应用"前的复选框，然后单击 查看图像 按钮，弹出"指定裁剪/放置"对话框，如图6-68所示。

图6-67 位图贴图效果　　　　　　图6-68 "指定裁剪/放置"对话框

这样只有虚线框范围中的图像用于贴图，具体效果如图6-69所示。

应用裁剪后，还可以进一步设置贴图的U、V、W、H坐标值。最后可以设置过滤、单通道输出、RGB通道输出、Alpha来源等参数。

· 坐标和噪波参数前面已讲解，这里不再重复，坐标参数设置及效果如图6-70所示。

图6-69　应用裁剪后的贴图效果

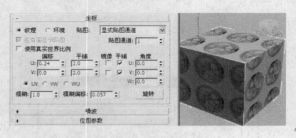

图6-70　坐标参数设置及效果

- 时间：可以设置开始帧、播放速率、结束条件等参数，具体参数如图6-71所示。
- 输出：可以设置位图贴图输出时，是否反转、是否钳制、是否来自RGB强度的Alpha、是否启用颜色贴图，具体参数如图6-72所示。

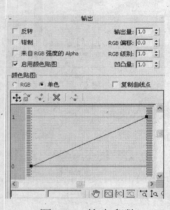

图6-72　输出参数

图6-71　时间参数

6.3.3　设计制作大理石凹凸贴图

图6-73　绘制长方体

（1）单击快速访问工具栏中的"新建场景"按钮，新建场景。

（2）单击"长方体"按钮　长方体，在顶视图中绘制一个长方体，设置长度为5480，宽度为5680，高度为240，如图6-73所示。

（3）按下键盘上的"M"键，打开"材质编辑器"对话框，单击贴图前面的"+"号，单击"漫反射颜色"后面的"None"按钮，就会弹出"材质/贴图浏览器"对话框，如图6-74所示。

（4）选择"平铺"，单击"确定"按钮，然后设置U和V平铺个数为2，图案类型为"堆栈砌合"，如图6-75所示。

（5）设置参数后，单击"将材质赋给选择对象"按钮，然后单击"在视口中显示贴图"按钮，再选择透视图，然后按下键盘上的"F9"键，渲染效果如图6-76所示。

（6）下面进行高级控制参数设置。单击"平铺设置"中纹理所对应的"None"按钮，就会弹出"材质/贴图浏览器"对话框，如图6-77所示。

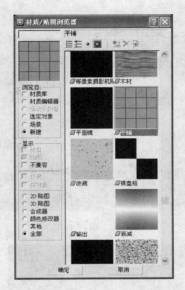

图6-74　"材质/贴图浏览器"对话框

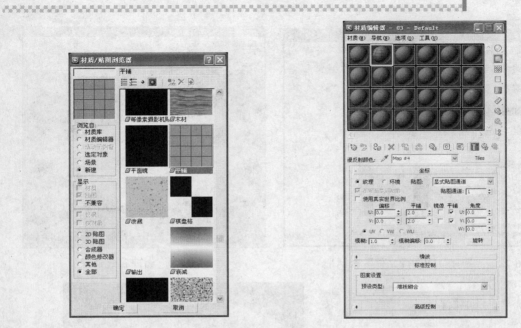

图6-75　平铺参数

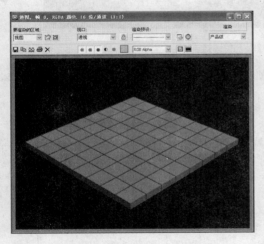

图6-76　平铺贴图效果

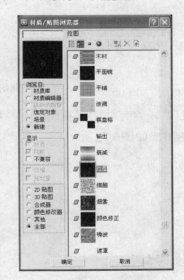

图6-77　"材质/贴图浏览器"对话框

（7）选择"位图"，单击"确定"按钮，就会弹出"选择位图图像文件"对话框，如图6-78所示。

（8）选择文件后，单击"打开"按钮，就可以进行位图材质设置，这里采用默认设置。这时就可以看到大理石效果了，如图6-79所示。

（9）下面来设置砖缝参数。单击位图材质编辑面板中的 按钮，返回平铺材质编辑面板，然后设置砖缝的颜色为灰色，间距为1，具体参数设置与效果如图6-80所示。

（10）下面来制作凹凸效果。单击平铺材质编辑面板中的 按钮，返回顶层材质编辑面板，然后按下"漫反射"后的 Map #4（Tiles） 按钮，向"凹凸"贴图通道拖动，弹出"复制贴图"对话框，如图6-81所示。

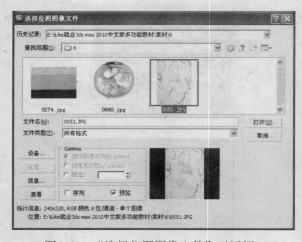

图6-78　"选择位图图像文件"对话框

图6-79　大理石效果

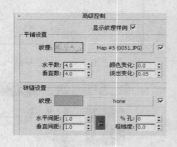

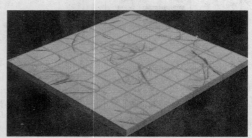

图6-80　砖缝参数设置与效果

（11）设置方法为"复制"，然后单击"确定"按钮，就可以复制通道效果，然后设置数量为-800，如图6-82所示。

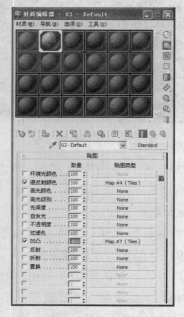

图6-81　"复制贴图"对话框

图6-82　凹凸贴图

（12）选择透视图，然后按下键盘上的"F9"键，这时发现不仅砖缝凹凸，大理石也凹凸了，渲染效果如图6-83所示。

（13）单击"凹凸"贴图通道后的 ▁▁▁▁ Map #7 (Tiles) ▁▁▁▁ ，进入凹凸贴图通道参数设置面板，把平铺设置参数后面的复选框取消即可，如图6-84所示。

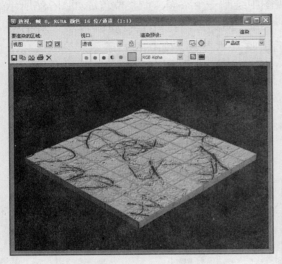

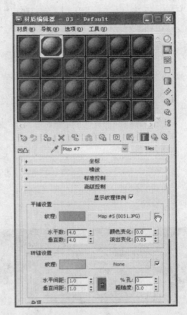

图6-83 砖缝和大理石都凹凸的效果　　　图6-84 取消平铺设置参数后面的复选框

（14）选择透视图，然后按下键盘上的"F9"键，就可以看到大理石凹凸贴图的渲染效果，如图6-85所示。

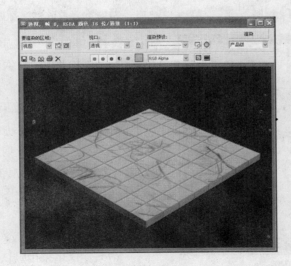

图6-85 大理石凹凸贴图的渲染效果

（15）单击快速访问工具栏中的"保存文件"按钮 ，弹出"文件另存为"对话框，文件名为"大理石凹凸贴图"，其他为默认，然后单击"保存"按钮即可。

6.4　反射折射贴图

反射折射贴图是通过"反射"和"折射"贴图通道完成的，下面通过具体实例来讲解一下。

（1）单击快速访问工具栏中的"打开文件"按钮 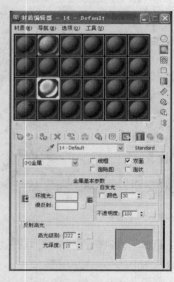，弹出"打开文件"对话框，打开本课创建的大理石凹凸贴图。

（2）单击"茶壶"按钮 茶壶 ，在顶视图中绘制一个茶壶，调整位置后如图6-86所示。

（3）下面给茶壶赋金属材质。按下键盘上的"M"键，打开"材质编辑器"对话框，选择"金属"着色模式，选择"双面"，然后调整基本参数，如图6-87所示。

图6-86　绘制茶壶

图6-87　金属材质设置

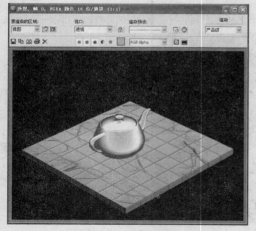

图6-88　金属茶壶效果

（4）单击"将材质赋给选择对象"按钮 ，然后单击"在视口中显示贴图"按钮 ，这时就把材质赋予了对象，选择透视图，然后按下键盘上的"F9"键，效果如图6-88所示。

（5）下面给茶壶添加反射效果。单击贴图前面的"+"号，单击"反射颜色"后面的"None"按钮，就会弹出"材质/贴图浏览器"对话框，选择"反射/折射"项，如图6-89所示。

（6）单击"确定"按钮，材质编辑面板就变成反射/折射参数面板，如图6-90所示。

（7）在这里采用默认设置，这样茶壶就有反射效果，但由于背景是黑色的，所以看不到效果。

（8）下面进行环境贴图。环境贴图是一种特殊类型的贴图，其作用是给渲染图形的背景贴图。单击菜单栏中的"渲染→环境"命令，弹出"环境和效果"对话框，如图6-91所示。

（9）单击"环境贴图"对应的"无"按钮，弹出"材质/贴图浏览器"对话框，选择"位图"，如图6-92所示。

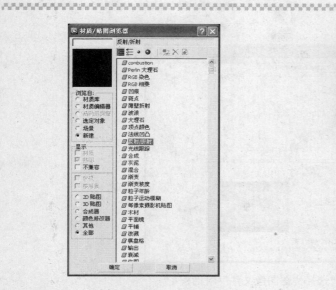

图6-89 "材质/贴图浏览器"对话框

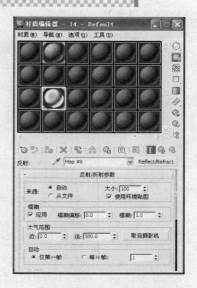

图6-90 反射/折射参数面板

图6-91 "环境和效果"对话框

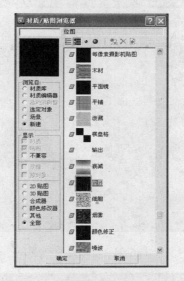

图6-92 "材质/贴图浏览器"对话框

（10）设置好后，单击"确定"按钮，弹出"选择位图图像文件"对话框，选择一幅位图，如图6-93所示。

（11）选择位图文件后，单击"打开"按钮，即可为渲染图形背景添加贴图效果，如图6-94所示。

（12）这时反射太强了，下面来调整反射强度。单击反射/折射参数面板中的 按钮，返回金属材质编辑面板，然后调整反射数量为30，如图6-95所示。

（13）调整反射数量后，选择透视图，然后按下键盘上的"F9"键，渲染效果如图6-96所示。

（14）添加折射效果。单击贴图前面的"+"号，单击"折射颜色"后面的"None"按钮，就会弹出"材质/贴图浏览器"对话框，选择"反射/折射"项，这时效果如图6-97所示。

（15）单击"确定"按钮，材质编辑面板就变成反射/折射参数面板，在这里采用默认设置，这时渲染效果如图6-98所示。

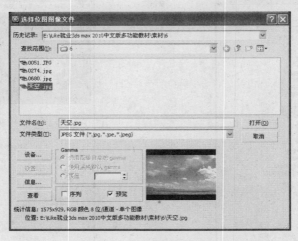

图6-93　　"选择位图图像文件"对话框

图6-94　　环境贴图效果

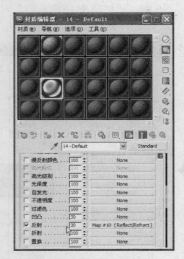

图6-95　　调整反射数量

图6-96　　调整反射数量后的渲染效果

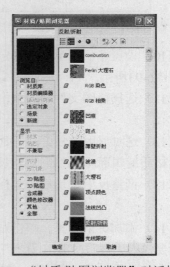

图6-97　　"材质/贴图浏览器"对话框

（16）这时折射太强了，下面来调整折射强度。单击反射/折射参数面板中的 按钮，返回金属材质编辑面板，然后调置折射数量为40，如图6-99所示。

图6-98 折射效果

图6-99 调整折射数量

（17）调整折射数量后，选择透视图，然后按下键盘上的"F9"键，渲染效果如图6-100所示。

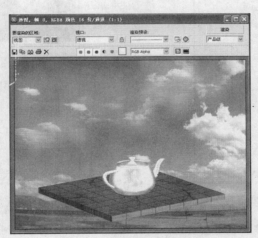

图6-100 反射折射贴图渲染效果

（18）单击快速访问工具栏中的"保存文件"按钮 ，弹出"文件另存为"对话框，文件名为"反射折射贴图"，其他为默认，然后单击"保存"按钮即可。

6.5 平面镜贴图

平面镜贴图就是通过贴图实现镜子效果，下面通过具体实例来讲解一下。

（1）单击快速访问工具栏中的"新建场景"按钮 ，新建场景。

（2）单击"长方体"按钮 长方体 ，在顶视图中绘制一个长方体，设置长度为6000，宽度为6000，高度为240，如图6-101所示。

（3）单击"茶壶"按钮 茶壶 ，在顶视图绘制一个茶壶，调整位置后如图6-102所示。

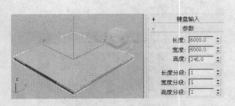
图6-101　绘制长方体

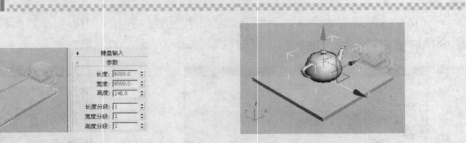
图6-102　绘制茶壶

（4）选择长方体，按下键盘上的"M"键，打开"材质编辑器"对话框，选择一个样本球，单击贴图前面的"+"号，单击"反射颜色"后面的"None"按钮，就会弹出"材质/贴图浏览器"对话框，如图6-103所示。

（5）选择"平面镜"，然后单击"确定"按钮，然后单击"应用于带ID的面"前面的复选框，平面镜参数面板如图6-104所示。

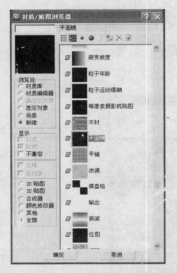
图6-103　"材质/贴图浏览器"对话框

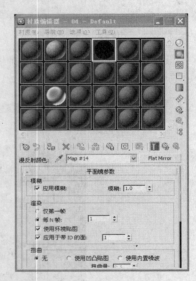
图6-104　平面镜参数面板

图6-105　平面镜效果

（6）单击"将材质赋给选择对象"按钮，然后单击"在视口中显示贴图"按钮，这时就把材质赋予了对象，选择透视图，然后按下键盘上的"F9"键，效果如图6-105所示。

（7）下面设置平面镜的材质效果。单击平面镜材质编辑面板中的按钮，返回基本材质编辑面板，设置着色模式为"Phong"，参数具体设置如图6-106所示。

（8）下面再给背景添加贴图。单击菜单栏中的"渲染→环境"命令，弹出"环境和效果"对话框，单击"环境贴图"所对应的"无"按钮，弹出"材质/贴图浏览器"对话框，在"选择位图图像文件"对话框中，选择"天空"文件，单击"打开"按钮，这时效果如图6-107所示。

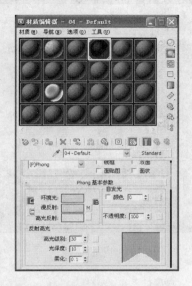

图6-106　"材质编辑器"对话框　　　　　　　　　图6-107　平面镜效果

（9）这时效果太强了，设置漫反射颜色数量为30，如图6-108所示。

（10）选择透视图，然后按下键盘上的"F9"键，渲染效果如图6-109所示。

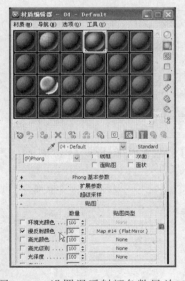

图6-108　设置漫反射颜色数量为30　　　　　　　　图6-109　平面镜效果

（11）下面再添加折射效果。单击贴图前面的"+"号，单击"折射颜色"后面的"None"按钮，就会弹出"材质/贴图浏览器"对话框，选择"反射/折射"项，并调整折射数量为80，这时效果如图6-110所示。

（12）按下键盘上的"Shift"键，复制一个长方体，然后单击常用工具栏中的"选择并旋转"按钮，旋转复制的长方体，并调整它们的位置，效果如图6-111所示。

（13）单击快速访问工具栏中的"保存文件"按钮，弹出"文件另存为"对话框，文件名为"平面镜贴图"，其他为默认，然后单击"保存"按钮即可。

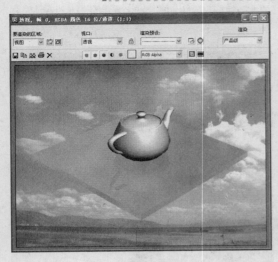

　　图6-110　折射效果　　　　　　　　　　　　　图6-111　平面镜效果

本课习题

填空题

（1）材质编辑器由＿＿＿部分组成，分别是＿＿＿＿＿＿＿、＿＿＿＿＿＿＿＿＿、＿＿＿＿＿＿＿、＿＿＿＿＿＿＿＿。

（2）所有的贴图都是通过＿＿＿＿＿＿＿＿完成的，贴图通道共有＿＿＿＿＿＿种。

（3）材质的着色模式共分＿＿种，分别是＿＿＿＿＿＿、＿＿＿＿＿＿、＿＿＿＿＿＿＿、＿＿＿＿＿＿＿＿、＿＿＿＿＿＿＿、＿＿＿＿＿＿＿、＿＿＿＿＿、＿＿＿＿＿＿。

（4）超级采样参数的功能是＿＿＿＿＿＿＿＿＿＿＿＿＿＿＿＿＿＿＿＿＿＿。

（5）动力学属性是＿＿＿＿＿＿＿＿＿＿＿＿＿＿＿＿＿＿＿＿＿＿＿＿。

（6）＿＿＿＿＿＿＿＿是一种特殊类型的贴图，其作用是给渲染图形的背景贴图。

简答题

（1）简述如何给物体赋材质，并在场景中显示出来。

（2）简述明暗器基本参数面板中各参数的功能。

上机操作

（1）给躺椅赋材质，具体效果如图6-112所示。

（2）给客厅吊灯赋材质，具体效果如图6-113所示。

　　图6-112　躺椅赋材质后效果　　　　　　　　图6-113　客厅吊灯赋材质后效果

第7课

高 级 材 质

本课知识结构及就业达标要求

本课知识结构具体如下：

- 为茶壶赋双面材质
- 为球体赋顶/底材质
- 为长方体赋混合材质
- 为平开窗赋多维/子对象材质
- 高级照明覆盖材质和建筑材质
- 壳材质和光线跟踪材质
- 虫漆材质和合成材质
- 为卧室赋材质

本课讲解了几种高级材质，重点讲解了双面材质、顶/底材质、混合材质、多维/子对象材质、高级照明覆盖材质和建筑材质，并通过具体实例剖析讲解。通过本课的学习，掌握高级材质的应用，从而制作出真实感更强的效果图。

7.1　为茶壶赋双面材质

有些高级材质是由多个标准材质组成的，有些高级材质是用来制作一些特殊效果的，有些材质是用在高级光照下的。下面就先来看下如何使用高级材质。

单击主工具栏中的"材质编辑器"按钮 ，或按下键盘上的"M"键，打开"材质编辑器"对话框，然后单击 Standard 按钮，就会弹出"材质/贴图浏览器"对话框，在这里可以看到各种高级材质，如图7-1所示。

在3ds Max中，高级材质共有15种，下面讲解几种常用的高级材质。

7.1.1　双面材质

双面材质实际上就是两个标准材质，一个正面材质，一个背面材质。利用双面材质可以给一个对象的正面与背面赋不同的材质。

按下键盘上的"M"键，打开"材质编辑器"对话框，然后单击 Standard 按钮，就会弹出"材质/贴图浏览器"对话框，然后选择"双面"，单击"确定"按钮，就可以看到双面材质面板，如图7-2所示。

图7-1　显示高级材质的"材质/贴图浏览器"对话框

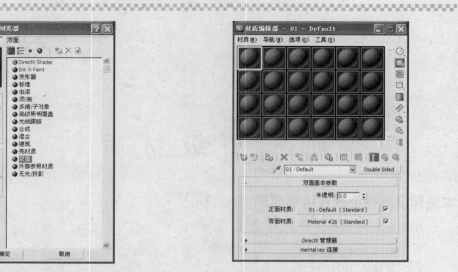

图7-2　双面材质面板

各参数意义如下：

- "DirectX管理器"和"mental ray连接"前面已讲过，这里不再重复。
- 正面材质：单击后面的按钮，进入标准材质编辑面板，具体参数前面已讲过。单击"返回上一级"按钮，可以返回双面材质面板，单击"转到下一个同级"按钮，可以返回背面材质编辑面板。
- 背面材质：单击后面的按钮，进入标准材质编辑面板，具体参数前面已讲过。单击"返回上一级"按钮，可以返回双面材质面板，单击"转到下一个同级"按钮，可以返回正面材质编辑面板。
- 半透明：用来设置材质的透明程度，其值越大，透明度越大。

7.1.2　双面材质的茶壶

（1）单击快速访问工具栏中的"新建场景"按钮，新建场景。

图7-3　绘制茶壶

（2）单击"茶壶"按钮 茶壶 ，在顶视图中绘制一个茶壶，具体参数设置及效果如图7-3所示。

（3）下面来给茶壶赋双面材质。选择茶壶，按下键盘上的"M"键，打开"材质编辑器"对话框，然后单击 Standard 按钮，就会弹出"材质/贴图浏览器"对话框，然后选择"双面"，单击"确定"按钮，就可以看到双面材质面板，如图7-4所示。

（4）单击"正面材质"后面的 01-Default（Standard） 按钮，先来给茶壶的正面赋材质，选择"金属"着色模式，具体参数设置如图7-5所示。

（5）单击"将材质赋给选择对象"按钮，然后单击"在视口中显示贴图"按钮，这时就把材质赋予了对象，选择透视图，然后按下键盘上的"F9"键，效果如图7-6所示。

（6）添加金属斑点效果。单击贴图前面的"+"号，单击"漫反射颜色"后面的"None"按钮，就会弹出"材质/贴图浏览器"对话框，选择"斑点"，如图7-7所示。

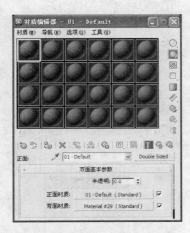

图7-4　双面材质面板

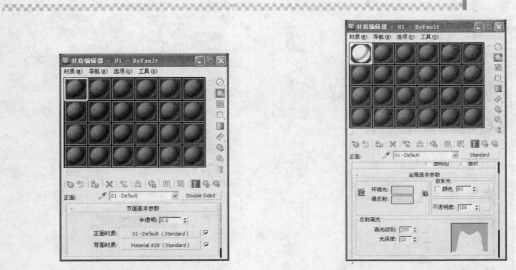

图7-5　正面材质参数设置

图7-6　赋正面材质后茶壶的效果

图7-7　"材质/贴图浏览器"对话框

（7）单击"确定"按钮，就可以进行斑点材质参数设置，设置斑点大小为1，斑点的两种颜色分别为深红色和白色，如图7-8所示。

提示　还可以为斑点的两个颜色进行贴图。单击"交换"按钮，还可以交换斑点的两种颜色。

（8）单击"返回上一级"按钮 ，就可以返回双面材质的正面材质参数设置，设置"漫反射颜色"数量为40，如图7-9所示。

（9）按下"漫反射颜色"后的 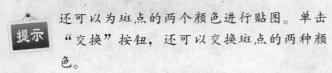 按钮，向"凹凸"贴图通道拖动，弹出"复制贴图"对话框，如图7-10所示。

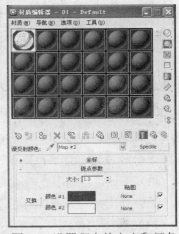

图7-8　设置斑点的大小和颜色

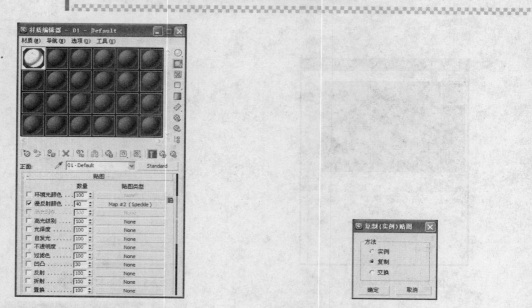

图7-9　设置"漫反射颜色"数量为40　　　　图7-10　　"复制贴图"对话框

　　（10）设置方法为"复制"，然后单击"确定"按钮，就可以复制通道效果，然后设置数量为10，如图7-11所示。

　　（11）选择透视图，然后按下键盘上的"F9"键，渲染效果如图7-12所示。

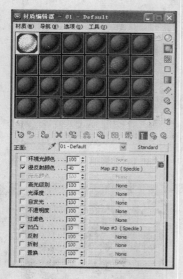

图7-11　设置凹凸数量为10

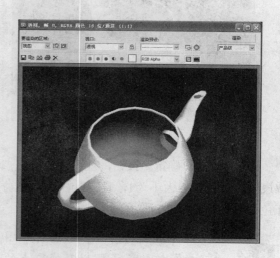

图7-12　添加斑点后的渲染效果

　　（12）单击"转到下一个同级"按钮，进入背面材质编辑面板，选择"Blinn"着色模式，具体参数设置如图7-13所示。

　　（13）下面进行贴图处理。单击贴图前面的"+"号，单击"漫反射颜色"后面的"None"按钮，就会弹出"材质/贴图浏览器"对话框，如图7-14所示。

　　（14）选择"位图"，单击"确定"按钮，弹出"选择位图图像文件"对话框，如图7-15所示。

图7-13 背面材质参数设置

图7-14 "材质/贴图浏览器"对话框

（15）选择位图文件后，单击"打开"按钮，就可以看到位图贴图材质编辑参数，然后选中"应用"复选框，如图7-16所示。

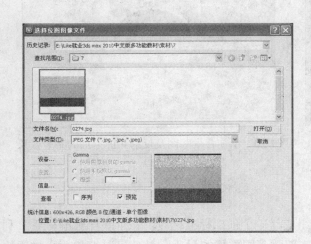

图7-15 "选择位图图像文件"对话框

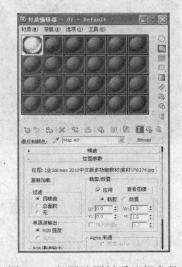

图7-16 位图贴图材质编辑参数

（16）单击"查看图像"按钮，弹出"指定裁剪/放置"对话框，这样只有虚线框范围内的图像用于贴图，如图7-17所示。

（17）选择透视图，然后按下键盘上的"F9"键，渲染效果如图7-18所示。

（18）是不是前面材质所设置的淡蓝色，一点也没有显示呢？下面使茶壶的内侧带有蓝色，但还带有纹理效果，设置方法很简单，只需把"漫反射颜色"的数量设为30即可，设置后效果如图7-19所示。

（19）最后添加背景贴图，并为茶壶添加反射和折射效果，最终效果如图7-20所示。

（20）单击快速访问工具栏中的"保存文件"按钮，弹出"文件另存为"对话框，文件名为"为茶壶赋双面材质"，其他为默认，然后单击"保存"按钮即可。

图7-17　"指定裁剪/放置"对话框

图7-18　双面材质效果

图7-19　茶壶的内侧带有蓝色

图7-20　添加背景贴图及反射和折射后的茶壶效果

7.2　为球体赋顶/底材质

顶/底类型材质实际上由两个标准材质组成，一个顶部标准材质，一个底部标准材质。利用顶/底类型材质可以给一个物体的顶部与底部赋不同类型的材质，并且可以调整两个材质的位置及混合比。

下面通过具体实例来讲解一下。

（1）单击快速访问工具栏中的"新建场景"按钮，新建场景。

（2）单击"球体"按钮　　球体　，在前视图中绘制一个球体，如图7-21所示。

（3）按下键盘上的"M"键，打开"材质编辑器"对话框，然后单击 Standard 按钮，就会弹出"材质/贴图浏览器"对话框，然后选择"顶/底"，如图7-22所示。

（4）单击"确定"按钮，就可以看到顶/底材质面板，如图7-23所示。

（5）顶材质：单击其后对应的按钮，进入标准材质编辑面板，从而编辑顶部材质效果。

（6）底材质：单击其后对应的按钮，进入标准材质编辑面板，从而编辑底部材质效果。

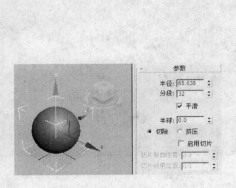

图7-21 绘制球体

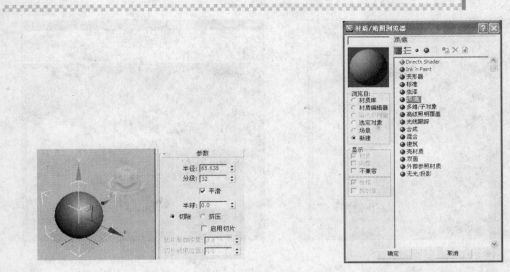

图7-22 "材质/贴图浏览器"对话框

（7）顶材质的漫反射颜色设置为红色，底材质的漫反射颜色设置为黄色，单击"将材质赋给选择对象"按钮，然后单击"在视口中显示贴图"按钮，这时就把材质赋予了对象，选择透视图，然后按下键盘上的"F9"键，效果如图7-24所示。

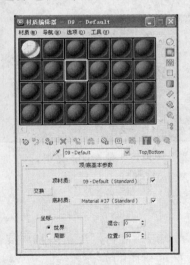

图7-23 顶/底材质面板

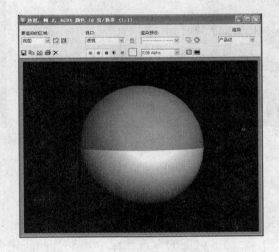

图7-24 顶材质与底材质不同颜色效果

（8）添加背景贴图，在这里添加天空位图，添加后渲染效果如图7-25所示。

（9）单击"交换"按钮，可以实现顶材质与底材质的交换，效果如图7-26所示。

（10）利用"混合"项可以设置顶材质与底材质的过渡量，默认值为0，没有过渡。设"混合"值为40，效果如图7-27所示。

（11）利用"位置"项可以设置顶材质所占的量，默认值为50，就是两种材质各占对象的一半。设置"位置"值为80时的效果如图7-28所示。

（12）单击快速访问工具栏中的"保存文件"按钮，弹出"文件另存为"对话框，文件名为"为球体赋顶/底材质"，其他为默认，然后单击"保存"按钮即可。

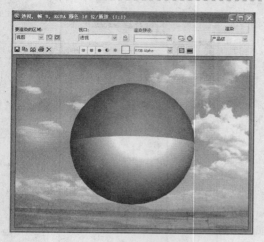

图7-25　添加背景贴图

图7-26　顶材质与底材质交换后效果

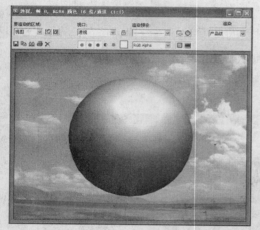

图7-27　"混合"值为40的效果

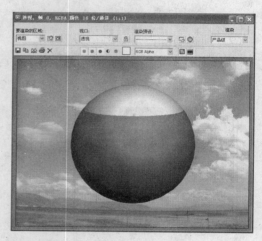

图7-28　"位置"值为80的效果

7.3　为长方体赋混合材质

　　混合材质实际上就是两个标准材质按一定比例或指定界线进行混合，还可以利用混合量来调整两个标准材质的混合比或利用混合曲线来调整两个标准材质的混合界线。

　　下面通过具体实例来讲解一下。

　　（1）单击快速访问工具栏中的"新建场景"按钮🗋，新建场景。

　　（2）单击"长方体"按钮 长方体，在前视图中绘制一个长方体，参数设置及效果如图7-29所示。

　　（3）按下键盘上的"M"键，打开"材质编辑器"对话框，然后单击 Standard 按钮，就会弹出"材质/贴图浏览器"对话框，然后选择"混合"，如图7-30所示。

　　（4）单击"确定"按钮，就可以看到混合材质面板，如图7-31所示。

　　（5）"材质1"和"材质2"是用来混合的两个标准材质，单击后面的按钮，就可进入标准材质编辑面板，具体参数前面已讲过。单击"返回上一级"按钮，可以返回混合材质面板。

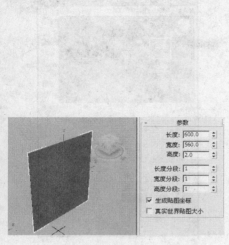

图7-29 绘制长方体

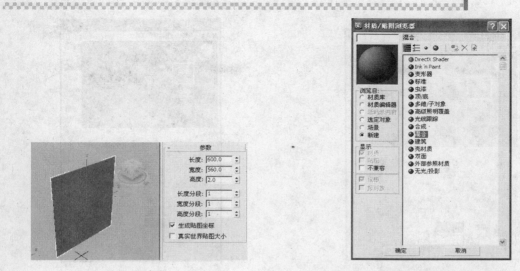

图7-30 "材质/贴图浏览器"对话框

（6）单击"材质1"后面的 08 - Default (Standard) 按钮，编辑"材质1"。单击贴图前面的"+"号，单击"漫反射颜色"后面的"None"按钮，弹出"材质/贴图浏览器"对话框，选择"大理石"，如图7-32所示。

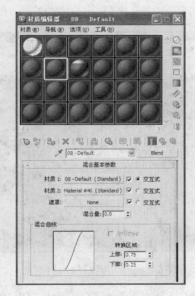

图7-31 混合材质面板

图7-32 "材质/贴图浏览器"对话框

（7）单击"确定"按钮，进入大理石材质参数面板，如图7-33所示，这时采用默认设置。

（8）在大理石材质参数面板中，单击"返回上一级"按钮，然后单击"转到下一个同级"按钮，进行"材质2"的编辑。

（9）单击贴图前面的"+"号，单击"漫反射颜色"后面的"None"按钮，弹出"材质/贴图浏览器"对话框，选择"木材"，然后单击"确定"按钮，进入木材材质参数面板，如图7-34所示，这时采用默认设置。

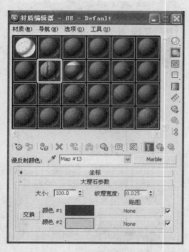
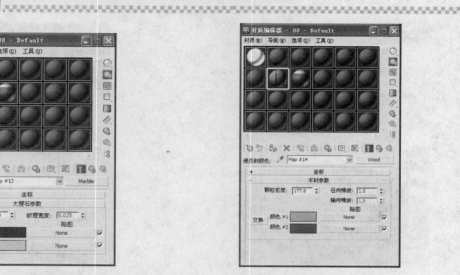

图7-33　大理石材质参数面板　　　　　　图7-34　木材材质参数面板

（10）单击"将材质赋给选择对象"按钮，然后单击"在视口中显示贴图"按钮，这时就把材质赋予了对象，选择透视图，然后按下键盘上的"F9"键，效果如图7-35所示。

（11）怎么只有大理石材质呢？木材材质呢？原因在于混合量为0，即只显示"材质1"效果，下面把混合量设为50，这时效果如图7-36所示。

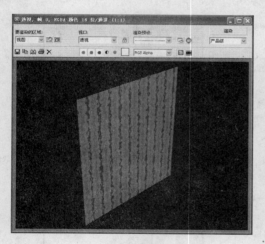
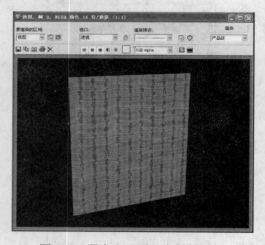

图7-35　渲染效果　　　　　　　　　图7-36　混合大理石与木材材质

（12）还可以利用遮罩来实现混合界线的划分，单击"遮罩"后面的"None"按钮，弹出"材质/贴图浏览器"对话框，选择"渐变"，然后单击"确定"按钮，进入渐变材质参数面板，如图7-37所示，这时采用默认设置。

（13）选择透视图，然后按下键盘上的"F9"键，渲染效果如图7-38所示。

（14）还可以利用混合曲线来调整混合材质效果，具体参数设置与效果如图7-39所示。

（15）下面来看一下材质的层次，单击"材质/贴图导航器"按钮，弹出"材质/贴图导航器"对话框，如图7-40所示。

（16）在"材质/贴图导航器"对话框中，单击不同的项，则显示该项的材质编辑面板。

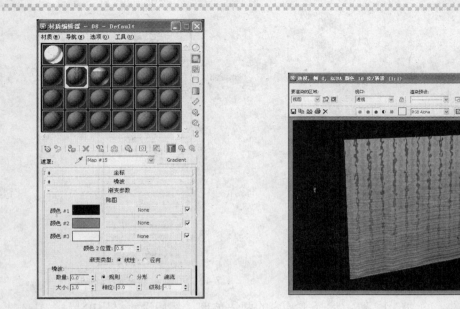

图7-37 渐变材质参数面板

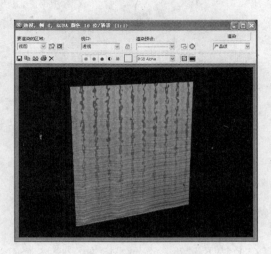

图7-38 混合材质效果

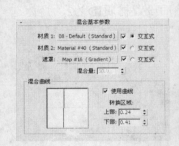

图7-39 混合曲线

图7-40 "材质/贴图导航器"面板

（17）单击快速访问工具栏中的"保存文件"按钮🖫，弹出"文件另存为"对话框，文件名为"为长方体赋混合材质"，其他为默认，然后单击"保存"按钮即可。

7.4 为平开窗赋多维/子对象材质

多维/子对象材质是指可以用多个标准材质为同一个对象的不同部分赋材质，但在使用之前要为对象的不同部分指定材质的识别码。

下面通过具体实例来讲解一下。

（1）单击快速访问工具栏中的"新建场景"按钮🗋，新建场景。

（2）在命令面板上单击"创建"按钮❖，显示"创建"命令面板，然后单击"几何体"按钮○，单击下拉按钮，选择"窗"选项，即可看到窗建模工具。

（3）单击"平开窗"工具按钮 ▭平开窗▭，在视图中单击拖动产生平开窗的宽度，再单击拖动产生平开窗的深度，再单击拖动产生平开窗的高度，参数设置与效果如图7-41所示。

（4）选择平开窗，单击右键，在弹出的菜单中选择"转换为→转换为可编辑网格"命令，然后单击"修改"命令面板中的"多边形"，如图7-42所示。

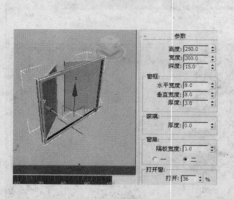

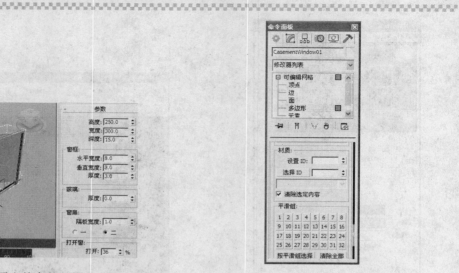

图7-41　平开窗的参数设置与效果　　　　图7-42　可编辑网格修改面板

（5）按下键盘上的"Ctrl"键，选择平开窗的两块玻璃，然后设置材质ID为1，具体选择与效果如图7-43所示。

（6）单击菜单栏中的"编辑→反选"命令，选择其他面，然后设置材质ID为2，具体选择与效果如图7-44所示。

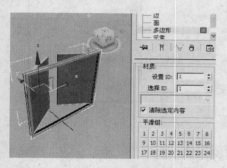

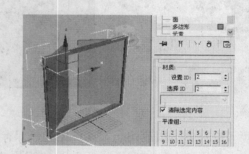

图7-43　两块玻璃材质ID的设置　　　　图7-44　其他面材质ID的设置

（7）下面来赋材质。按下键盘上的"M"键，打开"材质编辑器"对话框，然后单击 Standard 按钮，就会弹出"材质/贴图浏览器"对话框，然后选择"多维/子对象"，如图7-45所示。

（8）单击"确定"按钮，就可以看到多维/子对象材质面板，如图7-46所示。

（9）单击 设置数量 按钮，弹出"设置材质数量"对话框，在这里设为2，如图7-47所示。

（10）单击"确定"按钮，这时就只有两个材质。

（11）单击 添加 按钮，可以增加子材质个数。单击 删除 按钮，可以删除选择的子材质。

（12）单击2号材质后的 Material #43（Standard）按钮，进行2号材质的设置。

（13）单击贴图前面的"+"号，单击"漫反射颜色"后面的"None"按钮，弹出"材质/贴图浏览器"对话框，选择"位图"，如图7-48所示。

（14）单击"确定"按钮，就会弹出"选择位图图像文件"对话框，选择要加载的图像文件，如图7-49所示。

（15）单击"打开"按钮，就可以进行位置贴图参数设置，在这里采用默认设置。

图7-45　"材质/贴图浏览器"对话框

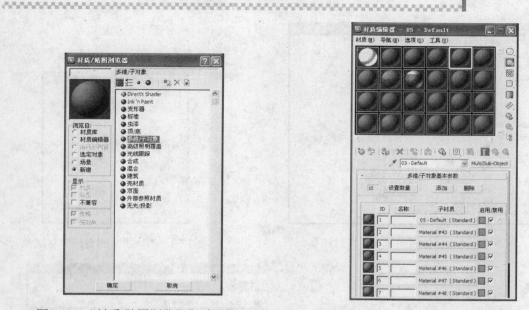

图7-46　多维/子对象材质面板

图7-47　"设置材质数量"对话框

图7-48　"材质/贴图浏览器"对话框

（16）单击"将材质赋给选择对象"按钮，然后单击"在视口中显示贴图"按钮，这时就把材质赋予了对象，选择透视图，然后按下键盘上的"F9"键，这时会弹出"缺少贴图坐标"对话框，如图7-50所示。

（17）单击"修改"按钮，进入"修改"命令面板，单击下拉按钮，选择"UVW贴图"选项，设置贴图为"长方体"，如图7-51所示。

（18）选择透视图，然后按下键盘上的"F9"键，渲染效果如图7-52所示。

（19）下面给玻璃赋材质。单击位图材质编辑面板中的按钮，返回上一级编辑面板，然后单击"转到下一个同级"按钮，进行1号材质的编辑。

（20）选择"Blinn"着色模式，其他参数设置如图7-53所示。

（21）下面设置玻璃的透明。单击贴图前面的"+"号，单击"漫反射颜色"后面的"None"按钮，弹出"材质/贴图浏览器"对话框，选择"光线跟踪"，如图7-54所示。

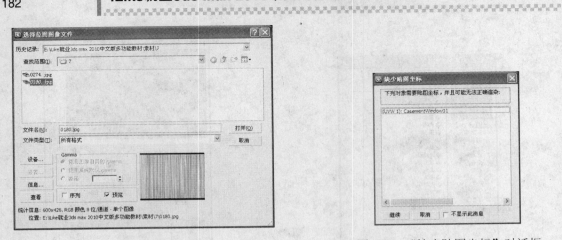

图7-49　"选择位图图像文件"对话框

图7-50　"缺少贴图坐标"对话框

图7-51　UVW贴图坐标设置

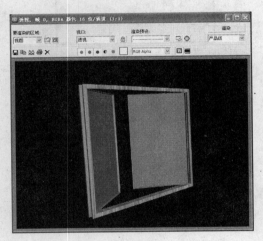

图7-52　窗框材质效果

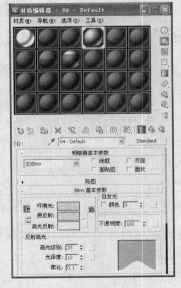

图7-53　玻璃参数的设置

图7-54　"材质/贴图浏览器"对话框

（22）单击"确定"按钮，显示光线跟踪材质编辑面板，如图7-55所示，这时采用默认设置。

（23）单击位图材质编辑面板中的 按钮，返回上一级编辑面板，设置反射参数为30，这时效果如图7-56所示。

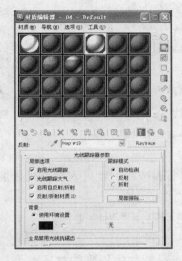

图7-55 光线跟踪材质编辑面板

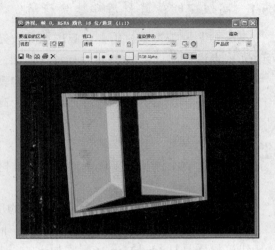

图7-56 玻璃效果

（24）下面给背景添加贴图。单击菜单栏中的 "渲染→环境"命令，弹出"环境和效果"对话框，单击环境贴图所对应的"无"按钮，弹出"材质/贴图浏览器"对话框，在"选择位图图像文件"对话框中，选择"天空"文件，单击"打开"按钮，这时效果如图7-57所示。

（25）下面来看一下材质的层次，单击"材质/贴图导航器"按钮 ，弹出"材质/贴图导航器"对话框，如图7-58所示。

图7-57 背景贴图

图7-58 "材质/贴图导航器"对话框

（26）单击快速访问工具栏中的"保存文件"按钮 ，弹出"文件另存为"对话框，文件名为"为平开窗赋多维/子对象材质"，其他为默认，然后单击"保存"按钮即可。

7.5 为卧室赋材质

在为卧室赋材质之前，先来讲解几种常用的高级材质。

7.5.1 高级照明覆盖材质和建筑材质

高级照明覆盖类型材质主要应用在高级光照渲染中，除可以设置材质的基本属性外，还可以进一步设置材质的物理属性和特殊效果。

按下键盘上的"M"键，打开"材质编辑器"对话框，然后单击 Standard 按钮，就会弹出"材质/贴图浏览器"对话框，然后选择"高级照明覆盖"，单击"确定"按钮，就可以看到高级照明覆盖材质面板，如图7-59所示。

各参数意义如下：

- 基础材质：该项用来设置对象的标准材质，单击后面的按钮，就进入标准材质编辑面板。
- 覆盖材质物理属性：设置覆盖材质的反射比、颜色溢出、透射比比例。
- 特殊效果：设置覆盖材质的亮度比、间接灯光凹凸比。

建筑材质是从3ds Max 6版本加入的，其实是Lightscape软件中用到的材质类型，当然在3ds Max主要应用在高级光照渲染中，可以直接定义现实生活中的材质，如水、石材、纸等，还可以进一步设置它的物理特性、特殊效果、高级照明覆盖参数。

按下键盘上的"M"键，打开"材质编辑器"对话框，然后单击 Standard 按钮，就会弹出"材质/贴图浏览器"对话框，然后选择"建筑"，单击"确定"按钮，就可以看到建筑材质面板，如图7-60所示。

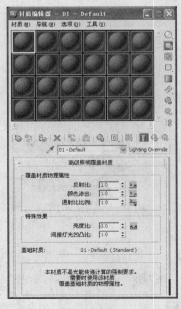

图7-59　高级照明覆盖材质面板

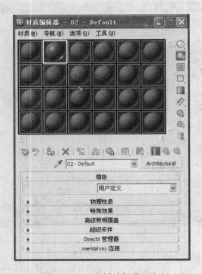

图7-60　建筑材质面板

各参数意义如下：

- 模板：在该项中可以设置现实生活中不同类型的材质，单击下拉按钮，弹出所有材质类型，如图7-61所示。
- 物理性质：在这里可以设置所选材质的漫反射颜色、漫反射贴图、反光度、透明度、半透明、折射率、亮度参数。还可以设置是否是双面、是否是粗糙漫反射纹理，具体参数如图7-62所示。

图7-61 材质模板

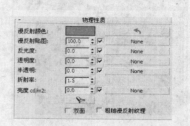

图7-62 物理性质

- 特殊效果：设置材质的凹凸、置换、强度、裁切值。单击后面相应项的"None"按钮，可以进一步进行贴图，具体参数如图7-63所示。
- 高级照明覆盖：设置覆盖材质的反射比比例、颜色溢出比例、透射比比例、间接凹凸比例，具体参数如图7-64所示。

图7-63 特殊效果

图7-64 高级照明覆盖

- 其他参数在前面已具体讲过，这里不再重复。

7.5.2 壳材质和光线跟踪材质

壳材质是由两个标准材质组成的，一个是原始材质，一个是烘焙材质。壳材质是其他材质（如多维/子对象）的容器，该材质还可以用于控制在渲染中使用的材质。

按下键盘上的"M"键，打开"材质编辑器"对话框，然后单击 Standard 按钮，就会弹出"材质/贴图浏览器"对话框，然后选择"壳材质"，单击"确定"按钮，就可以看到壳材质面板，如图7-65所示。

各参数意义如下：

- 原始材质：单击其后的按钮，进入标准材质编辑面板，从而编辑原始材质效果。
- 烘焙材质：单击其后的按钮，进入标准材质编辑面板，从而编辑烘焙材质效果。注意，烘焙材质包含照明阴影和其他信息。此外，烘焙材质具有固定的分辨率。
- 视口：可以选择在着色视口中出现的材质：原始材质（上方按钮）或烘焙材质（下方按钮）。

·渲染：可以选择在渲染中出现的材质：原始材质（上方按钮）或烘焙材质（下方按钮）。·

　　光线跟踪是当光线在场景中移动时，通过跟踪对象来计算材质颜色的渲染方法。这些光线可以穿过透明对象，在光亮的材质上反射，得到逼真的效果。

　　按下键盘上的"M"键，打开"材质编辑器"对话框，然后单击 Standard 按钮，就会弹出"材质/贴图浏览器"对话框，然后选择"光线跟踪"，单击"确定"按钮，就可以看到光线跟踪材质面板，如图7-66所示。

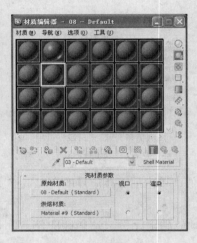

图7-65　壳材质面板

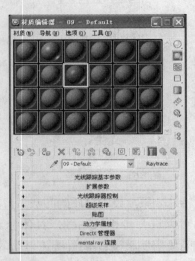

图7-66　光线跟踪材质面板

　　光线跟踪材质参数与标准材质几乎是相同的，具有基本参数、扩展参数、光线跟踪器控制、超级采样、贴图、动力学属性、DirectX管理器和mental ray连接，这些参数前面都讲解过，这里不再重复。

　　利用光线追踪材质制作出的效果要比利用光线追踪贴图更为准确。光线追踪的最大缺点在于速度比较慢。

7.5.3　虫漆材质和合成材质

　　虫漆类型材质实际上由两个标准材质组成，一个基础标准材质，一个虫漆标准材质。利用虫漆类型材质可以给一个物体表面添加虫漆特殊效果，并且可以调整虫漆混合比例。

　　按下键盘上的"M"键，打开"材质编辑器"对话框，然后单击 Standard 按钮，就会弹出"材质/贴图浏览器"对话框，然后选择"虫漆"，单击"确定"按钮，就可以看到虫漆材质面板，如图7-67所示。

　　参数意义如下：

·基础材质：单击其后的按钮，进入标准材质编辑面板，从而编辑物体表面材质效果。

·虫漆材质：单击其后的按钮，进入标准材质编辑面板，从而编辑虫漆材质效果。

·虫漆颜色混合：用来设置基础材质与虫漆材质的混合比例，值越大，表示虫漆材质含量越高。

　　在前视图中绘制一个长方体，基础材质为暗红色，虫漆材质为"斑点"，然后设置混合比为40和60时的效果如图7-68所示。

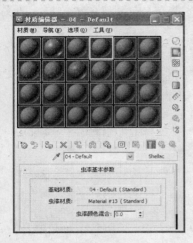

图7-67 虫漆材质面板　　　　　　　　　　图7-68 虫漆材质效果

合成类型材质是将两个或两个以上的子材质叠加在一起，最多可以合成9种材质，按照列表从上到下添加子材质。注意，如果没有为子材质指定Alpha通道的话，则必须降低上层材质的输出值才能起到合成的目的。

按下键盘上的"M"键，打开"材质编辑器"对话框，然后单击 Standard 按钮，就会弹出"材质/贴图浏览器"对话框，然后选择"合成"，单击"确定"按钮，就可以看到合成材质面板，如图7-69所示。

各参数意义如下：

- 基础材质：单击其后的按钮，为合成材质指定一个基础材质，该材质是标准材质。下面的9种材质按照从上到下的顺序合成到基础材质上。
- 材质1～材质9：合成材质最多可合成9种子材质，这9种子材质，可以是标准材质，也可以是其他类型的材质，单击其后的"None"按钮就可以选择。
- A、S、M按钮：这些按钮用来控制如何合成子材质。

（1）A按钮：按下时，使用Additive Opacity方法合成子材质。Additive Opacity方法通过添加背景的颜色来照亮材质背后的颜色，它可以用来制作一些特殊效果。默认情况下，Additive Opacity方法不生成Alpha通道，这在作为背景渲染时是正确的。但是如果想在Video Post中合成使用Additive Opacity方法的对象，它需要一个Alpha通道，这时要在3dsmax.ini文件中的[Renderer]部分增加"AlphaOutOnAdditive = 1"。为了恢复默认设置，改为AlphaOutOnAdditive=0即可。进行这些操作时，要重新启动3ds Max系统才能生效。

（2）S按钮：按下时，使用Subtractive Opacity方法合成子材质。Subtractive Opacity方法通过从材质颜色中减去背景颜色来变暗材质后面的颜色。如果想在保持材质的漫反射颜色和贴图属性的情况下减小材质外观的不透明性，可以使用此方法。

（3）M按钮：按下时，子材质与前面的材质混合，连同颜色与不透明属性，这与Blend类型材质相同，只是不使用屏蔽。它使用后面的数量值来决定混合的程度。

- 数量：控制材质合成和混合的程度，默认值为100。对于A按钮和S按钮，取值范围从0～200；值为0时表示没有合成效果，下面的材质不可见；值为100时表示充分合成；值大于100时表示负荷合成，材质透明的区域变得更不透明，直到看不到下面的材质。

对于M按钮，取值范围从0～100；值为0表示没有合成，下面的材质不可见；值为100时表示充分合成，只有下面的材质可见。

利用合成材质实现两幅图像的叠加效果，如图7-70所示。

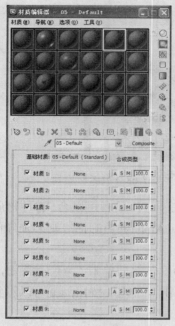

图7-69　合成材质面板

图7-70　合成材质效果

7.5.4　卧室材质的设计

（1）单击快速访问工具栏中的"打开文件"按钮 ，弹出"打开文件"对话框，如图7-71所示。

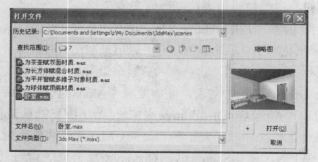

图7-71　"打开文件"对话框

（2）选择要打开的文件后，单击"打开"按钮，就可以打开文件，如图7-72所示。

（3）先对墙壁进行贴图。按下"Ctrl"键，选择除"地面"外的所有墙体，按下键盘上的"M"键，打开"材质编辑器"对话框，选择一个样本球，然后设置着色模式为"Phong"，设置参数如图7-73所示。

（4）单击"将材质赋给选择对象"按钮 ，然后单击"在视口中显示贴图"按钮 ，这时就把材质赋予了物体，效果如图7-74所示。

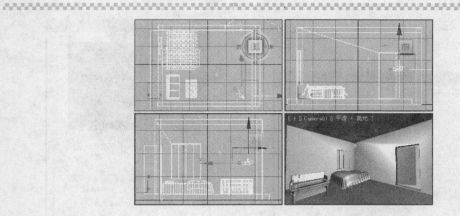

图7-72 卧室效果

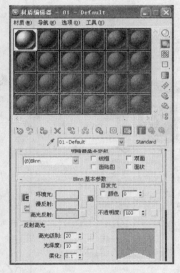

图7-73 墙体材质编辑

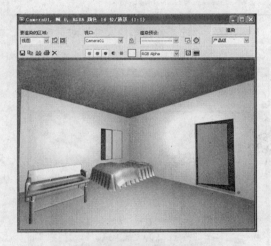

图7-74 墙体效果

（5）下面给地面赋材质。选择地面，在材质编辑器中再选择一个样本球，然后单击贴图前面的"+"号，单击"漫反射颜色"后面的"None"按钮，弹出"材质/贴图浏览器"对话框，选择"位图"，如图7-75所示。

（6）单击"确定"按钮，就会弹出"选择位图图像文件"对话框，如图7-76所示。

（7）单击"打开"按钮，就可以对位图材质进行编辑，具体参数设置如图7-77所示。

（8）单击"将材质赋给选择对象"按钮，然后单击"在视口中显示贴图"按钮，这时就把材质赋予了物体，效果如图7-78所示。

（9）给地板加上反射效果。单击贴图前面的"+"号，单击"漫反射颜色"后面的"None"按钮，弹出"材质/贴图浏览器"对话框，如图7-79所示。

图7-75 "材质/贴图浏览器"对话框

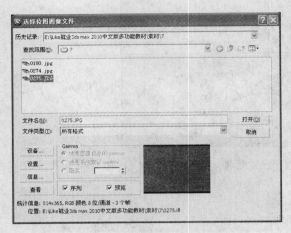

图7-76　"选择位图图像文件"对话框

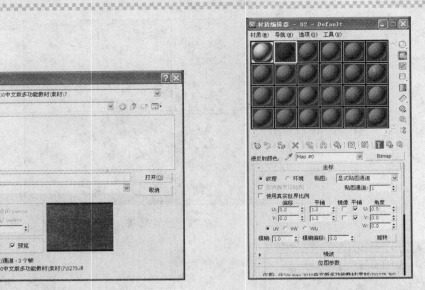

图7-77　地板材质参数设置

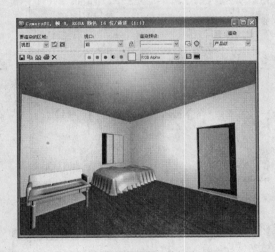

图7-78　地板效果

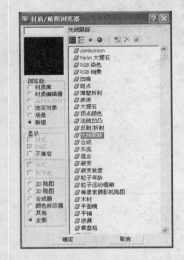

图7-79　"材质/贴图浏览器"对话框

（10）选择"光线跟踪"，然后单击"确定"按钮，显示光线跟踪材质编辑面板，如图7-80所示，这时采用默认设置。

（11）单击光线跟踪材质编辑面板中的 按钮，返回上一级编辑面板，设置反射参数为10，这时地板效果如图7-81所示。

（12）同理，利用位图贴图为门赋材质，其渲染效果如图7-82所示。

（13）下面给窗赋材质。选择窗，在材质编辑器中再选择一个样本球，选择"Phong"着色模式，设置漫反射颜色为"白色"，自发光为30，不透明度为90，"扩展参数"中的高级透明数量为50，具体参数设置如图7-83所示。

（14）下面设置透明效果。单击贴图前面的"+"号，单击"漫反射颜色"后面的"None"按钮，弹出"材质/贴图浏览器"对话框，如图7-84所示。

（15）选择"平面镜"，然后单击"确定"按钮，选中"应用于带ID的面"复选框，平面镜参数面板如图7-85所示。

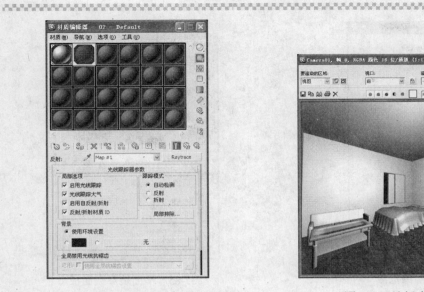

图7-80 光线跟踪材质编辑面板

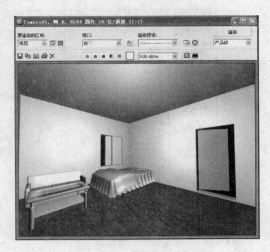

图7-81 地板光线跟踪效果

图7-82 门效果

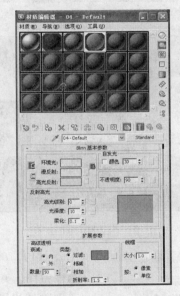

图7-83 窗的基本材质设置

（16）单击平面镜参数面板中的 按钮，返回上一级参数面板，设置反射数量为50，然后单击"将材质赋给选择对象"按钮 ，单击"在视口中显示贴图"按钮 ，这时就把材质赋予了物体，效果如图7-86所示。

（17）下面给背景添加贴图。单击菜单栏中的 "渲染→环境"命令，弹出"环境和效果"对话框，单击环境贴图所对应的"无"按钮，弹出"材质/贴图浏览器"对话框，选择"位图"，单击"确定"按钮，弹出"选择位图图像文件"对话框，选择"天空"文件，单击"打开"按钮，这时效果如图7-87所示。

（18）接下来给床单、床背和垫头贴图。选择床单，在材质编辑器中再选择一个样本球，然后单击贴图前面的"+"号，单击"漫反射颜色"后面的"None"按钮，弹出"材质/贴图浏览器"对话框，选择"位图"。

图7-84 "材质/贴图浏览器"对话框

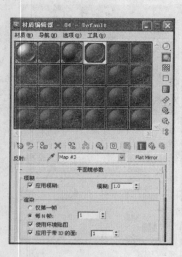

图7-85 平面镜参数面板

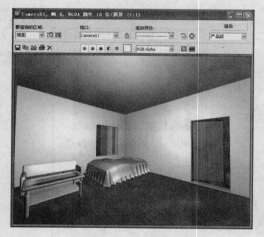

图7-86 窗效果

图7-87 背景贴图

图7-88 UVW贴
图面板

（19）单击"确定"按钮，弹出"选择位图图像文件"对话框，选择位图，单击"打开"按钮，就可以对位图材质进行编辑，这里采用默认设置。

（20）这时如果直接渲染，就看不到效果，因为床单不是规则物体，只有进行UVW坐标设置后，才能看到效果，具体操作如下：单击"修改"按钮 🖉，进入"修改"命令面板，然后单击下拉按钮，选择"UVW贴图"选项，选中"长方体"单选按钮，如图7-88所示。

（21）单击"将材质赋给选择对象"按钮 🖳，然后单击"在视口中显示贴图"按钮 🖾，这时就把材质赋予了物体，效果如图7-89所示。

（22）同理，利用位图贴图为沙发赋真皮材质，效果如图7-90所示。

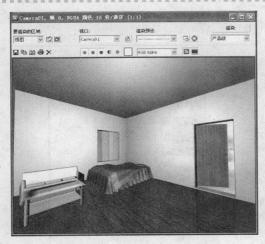
图7-89 床单、床背和垫头材质效果

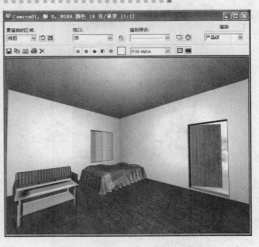
图7-90 沙发赋真皮材质

（23）下面给茶桌腿赋金属材质。选择茶桌腿，在材质编辑器中再选择一个样本球，选择"金属"着色模式，设置漫反射颜色为"淡灰色"，自发光为10，具体参数设置如图7-91所示。

（24）单击"将材质赋给选择对象"按钮，然后单击"在视口中显示贴图"按钮，这时就把材质赋予了物体，效果如图7-92所示。

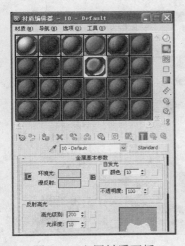
图7-91 金属材质面板

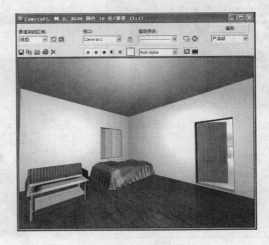
图7-92 金属材质效果

（25）为茶桌桌面赋玻璃材质。选择茶桌桌面，在材质编辑器中再选择一个样本球，选择"Phong"着色模式，设置漫反射颜色为"白色"，自发光为30，不透明度为90，"扩展参数"中的高级透明数量为80，具体参数设置如图7-93所示。

（26）下面添加透明效果。单击贴图前面的"+"号，单击"漫反射颜色"后面的"None"按钮，弹出"材质/贴图浏览器"对话框，如图7-94所示。

（27）选择"光线跟踪"，然后单击"确定"按钮，显示光线跟踪材质编辑面板，如图7-95所示，这时采用默认设置。

（28）单击按钮，返回上一级面板，设置反射数量为20，然后单击"将材质赋给选择对象"按钮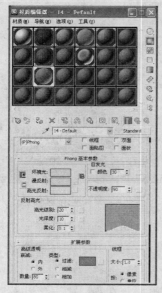，然后单击"在视口中显示贴图"按钮，这时就把材质赋予了物体，效果如图7-96所示。

图7-93　玻璃材质面板

图7-94　"材质/贴图浏览器"对话框

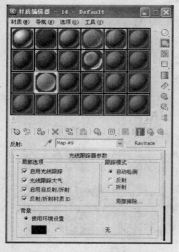

图7-95　光线跟踪材质编辑面板

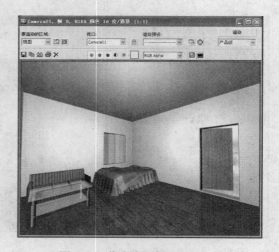

图7-96　茶桌桌面玻璃效果

（29）单击快速访问工具栏中的"保存文件"按钮，弹出"文件另存为"对话框，文件名为"为卧室赋材质"，其他为默认，然后单击"保存"按钮即可。

本课习题

填空题

（1）高级材质是＿＿＿＿＿＿＿＿＿＿＿＿＿＿＿＿＿＿＿＿＿＿＿＿＿。

（2）列举4种常用的高级材质：＿＿＿＿＿＿＿、＿＿＿＿＿＿＿、＿＿＿＿＿＿＿、

＿＿＿＿＿＿＿。

（3）多维/子对象材质＿＿＿＿＿＿＿＿＿＿＿＿＿＿＿＿＿＿＿＿＿＿＿＿＿。

（4）双面材质是＿＿＿＿＿＿＿＿＿＿＿＿＿＿＿＿＿＿＿＿＿＿＿＿＿＿。

简答题

简述什么是建筑材质，它的主要用途是什么？

上机操作

给橱柜设计材质，具体效果如图7-97所示。

图7-97 给橱柜设计材质效果

第8课

摄像机和灯光

本课知识结构及就业达标要求

本课知识结构具体如下：

- 目标摄像机和自由摄像机
- 利用摄像机查看卧室效果
- 环境光、日光系统和标准灯
- 为卧室添加标准灯光
- 光度学灯下的房间效果

本课讲解摄像机、环境光、日光系统、标准灯、光度学灯各参数的意义及应用，重点讲解标准灯的各项参数及光度学灯的使用方法和技巧，并通过实例来剖析讲解。通过本课的学习，掌握灯光与摄像机的应用方法与技巧。

8.1 为卧室添加摄像机并查看

摄像机主要用来为场景创建一个合理的视觉角度，从而使场景在摄像机所观察的视图中达到最好的视觉效果。在3ds Max中有两种摄像机，即目标摄像机（Target Camera）和自由摄像机（Free Camera）。这两种摄像机在制作静态画面时十分相似，主要是在动画制作方面有所区别，目标摄像机将会永远围绕和追踪目标物体进行拍摄，自由摄像机则模拟的是人们边走边看的效果，适合于制作浏览动画。

在命令面板上单击"创建"按钮 ❖，显示"创建"命令面板，再单击"摄像机"按钮 ，显示"摄像机"命令面板，如图8-1所示。

图8-1 "摄像机"命令面板

下面来分别讲解一下两种摄像机。

8.1.1 目标摄像机和自由摄像机

目标摄像机有一个视点和一个目标点。视点就是放置摄像机的位置，目标点是从摄像机看过去的视点，可以通过调整视点或目标点来改变观察的区域或方向。

在"摄像机"命令面板中单击 目标 按钮，就可以看到目标摄像机参数面板，如图8-2所示。

各项参数意义如下：

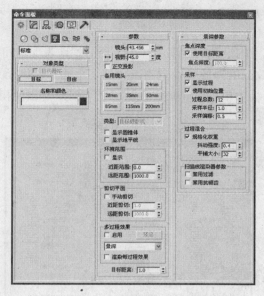

图8-2 目标摄像机参数面板

- 名称和颜色：利用该项可以设置目标摄像机的颜色和名字，这个名字在选择物体时相当重要。
- 镜头：利用该项可以设置摄像机的焦距长度，3ds Max中镜头长度的默认值是43.456mm，43mm左右的镜头长度相当于正常人眼睛的焦距。
- 视野：利用该项可以设置摄像机能看到视野范围，与"镜头"参数是相互关联的，当镜头值变小时，则视野值变大。
- 备用镜头：列出最常用的几种镜头，分别为15、20、24、28、35、50、85、135、200。也可以通过调节"镜头"参数值来控制镜头的焦距长度。
- 类型：显示了选择的摄像机的类型，共两种——目标摄像机和自由摄像机，并且可以设置是否显示摄像机的圆锥体、是否显示地平线。
- 环境范围：选中"显示"复选框，就可以在视图中显示环境特效范围，并且可以设置环境特效范围的近范围与远范围值。
- 剪切平面：选中"手动剪切"复选框，就可以在视图中设置要显示的视图范围，并且可以设置近距剪切与远距剪切值。
- 多过程效果：选中"启用"复选框后，摄像机确定的画面受多过程传递的影响。利用该项能使摄像机观察到的画面产生景深或运动模糊的效果。
- 景深参数：可以设置摄像机的焦点深度、采样参数、过程混合和扫描线渲染器参数。

在使用目标摄像机时，要注意如下技巧：

- 镜头的长短变化可以改变空间的视觉效果，根据摄像机的这一特性，在设计表现图的制作中应根据表现的需要采用不同焦距的镜头去观察和表现。
- 在同一房间中用长短不同的摄像机将产生不同的效果。43mm的镜头为3ds Max中默认的镜头，产生的图像比较接近于人们用眼睛观察得到的图像。同一空间中，使用24mm的镜头所产生的图像将拉长空间的深度，使空间显得深运。使用58mm的镜头，会使空间显得紧凑。

- 摄像机的角度一般应符合人们通常感觉的角度，有时为了得到特殊效果也可使用一些夸张的角度。
- 平面剪切控制：在室内设计的表现中，为了更清楚地表现空间关系，有时会采用剖面的形式来表达。3ds Max的摄像机设置中，"剪切平面"提供了方便的截取剖面的方法。

在"摄像机"命令面板中单击 自由 按钮，就可以看到自由摄像机参数面板，如图8-3所示。

图8-3　自由摄像机参数面板

自由摄像机的参数意义及使用方法与目标摄像机相同，这里不再重复。

8.1.2　利用摄像机查看卧室效果

（1）单击快速访问工具栏中的"打开文件"按钮 📂，弹出"打开文件"对话框，如图8-4所示。

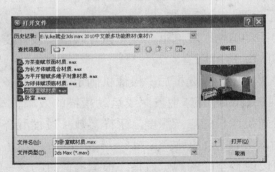

图8-4　"打开文件"对话框

（2）选择要打开的文件后，单击"打开"按钮，就可以打开文件，如图8-5所示。

（3）选择摄像机，设置镜头为20和28时的效果如图8-6所示。

（4）按下键盘上的"Ctrl"键，选择目标摄像机的视点和目标点，然后移动摄像机，移动后效果如图8-7所示。

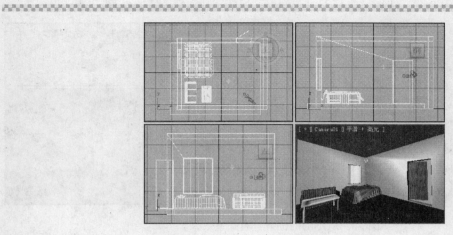

图8-5 卧室效果

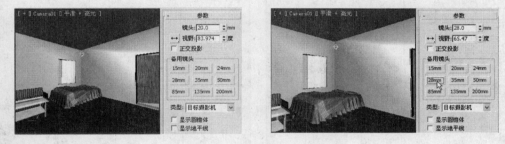

图8-6 镜头为20和28时的效果

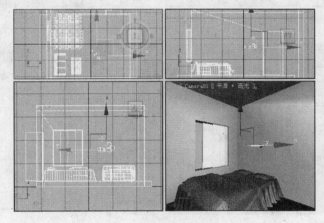

图8-7 移动摄像机

（5）调整标摄像机的视点。选择视点，然后调整其位置，可以实现从不同的位置查看卧室的效果，如图8-8所示。

（6）调整标摄像机的目标点。选择目标点，然后调整其位置，可以实现从不同的角度查看卧室的效果，如图8-9所示。

（7）添加多个摄像机。在"摄像机"命令面板中单击　目标　按钮，在顶视图中再添加一个摄像机，调整其位置及参数后如图8-10所示。

（8）选择视图，按下键盘上的"C"键，就会弹出"选择摄像机"对话框，如图8-11所示。

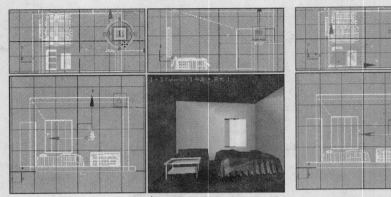
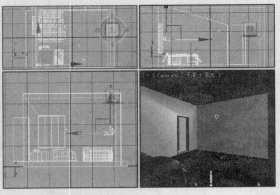

图8-8　从不同的位置查看卧室效果

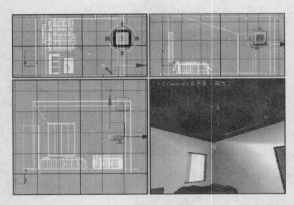
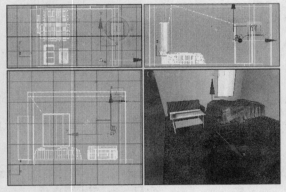

图8-9　从不同的角度查看卧室效果

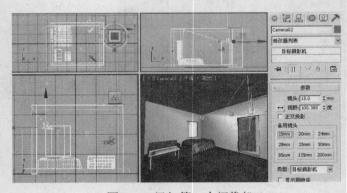

图8-10　添加第二个摄像机　　　　　图8-11　"选择摄像机"对话框

　　（9）选择"Camera02"，然后单击"确定"按钮，这时效果如图8-12所示。

　　（10）选择摄像机视图，这时视图控制区按钮也变成了摄像机视图控制区按钮，如图8-13所示。

　　各工具按钮的功能如下：

· "推拉摄像机"按钮：单击该按钮，在摄像机视图中按下鼠标拖动，可以放大与缩小视图。

· "透视"按钮：单击该按钮，在摄像机视图中按下鼠标拖动，可透视处理所选择的对象。

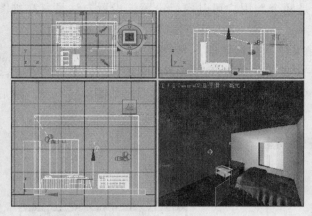

图8-12　第二个摄像机下的卧室效果　　　　图8-13　摄像机视图控制区

- "侧滚摄像机"按钮：单击该按钮，在摄像机视图中按下鼠标拖动，可沿Y轴旋转视图中的对象。
- "所有视图最大化显示"按钮，单击该按钮，则所有的视图都最大化显示场景中的对象。
- "视察"按钮：该按钮只能在透视图与摄像机视图中应用，单击该按钮，在摄像机视图中按下鼠标拖动，可以放大与缩小视图。
- "平移摄像机"按钮：单击该按钮，在摄像机视图中按下鼠标拖动，可以平移观察视图。
- "环游摄像机"按钮：单击该按钮，在摄像机视图中按下鼠标拖动，可沿Z轴旋转视图中的对象。
- 最大化视图切换：单击该按钮，可将当前视图满屏显示，再单击则恢复至原来的视图状态。

（11）利用视图控制区的工具可以进一步平移、缩放、旋转摄像机视图，从而产生最好的视觉效果。

（12）单击快速访问工具栏中的"保存文件"按钮，弹出"文件另存为"对话框，文件名为"利用摄像机查看卧室效果"，其他为默认，然后单击"保存"按钮即可。

8.2　为卧室添加标准灯光

灯光是3ds Max中模拟自然光照效果最重要的手段，称得上是3ds Max场景的灵魂。灯光不仅可以照明，还可以影响材质的纹理效果。在3ds Max系统中，灯光可以分为环境光、日光系统、标准灯、光度学灯。

8.2.1　环境光和日光系统

在前面渲染对象时，没有进行灯光布局，就可以看到灯光的渲染效果，这就是环境光在起作用，这种光源用来照射整个场景，为系统所默认。环境光没有方向也没有光源，一般用来模拟光线的漫反射现象。

　　环境光的个数可以是1个，也可以是两个，用户可以自行设置，设置方法是：在视图控制区单击右键，弹出"视口配置"对话框，单击"照明和阴影"选项卡，如图8-14所示。就可以设置视图是否要使用默认照明，如果使用默认照明，是1盏，还是2盏。

　　如果要使用默认照明，还可以进一步设置环境光的颜色、强度等参数，具体方法是：单击菜单栏中的"渲染→环境"命令，弹出"环境和效果"对话框，如图8-15所示，然后可以设置环境光的相关参数。

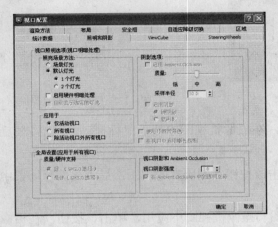

图8-14　"视口配置"对话框

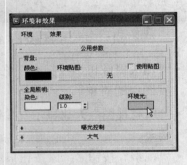

图8-15　"环境和效果"对话框

　　在3ds Max中，日光系统包括日光和太阳光。在命令面板上单击"创建"按钮 ，显示"创建"命令面板，再单击"系统"按钮 ，可以看到日光和太阳光命令面板，如图8-16所示。

　　下面分别来讲解一下太阳光和日光。

　　太阳光系统由一个指南针和默认名字为Sun的平行光组成。它可以自动建立一盏自由平行光作为阳光进行照射，可以根据所在地的经纬坐标、时间来自动定义阳光的方向，并且可以将时间定义为动画，从而自动产生日出日落的光照效果。

　　单击"系统"命令面板中的　太阳光　按钮，就可以看到太阳光的各项参数，如图8-17所示。

图8-16　日光和太阳光命令面板

图8-17　太阳光参数面板

各参数意义如下：

- 名称和颜色：在绘制太阳光之前，不能直接给它命名，在绘制时会自动产生一个默认的名称，可以对其进行修改。单击颜色块，会弹出"对象颜色"对话框，可以设置太阳光的颜色，如图8-18所示。

- **方位**：显示太阳与正南方偏移的角度，北=0，南=90。
- **海拔高度**：显示太阳与地平面之间的距离。太阳在地平面以下为负值，在地平面以上为正值。
- **时间**：可以设置阳光的具体时间，即时、分、秒、月、日、年和时区，如果选中"夏令时"复选框，在夏季的时候可以对阳光进行补偿计算。
- **位置**：单击 获取位置... 按钮，弹出"地理位置"对话框，用来设置场景在世界中的位置。可以在左侧城市列表中选择城市的名称，在洲名称列表中可以选择大的区域，在地图中可以直接单击，以选择相应的城市，如图8-19所示。也可以利用纬度和经度来指定场景位置，这样能比较精确地设定位置。

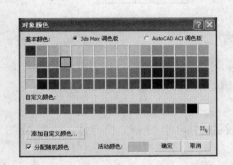

图8-18 "对象颜色"对话框

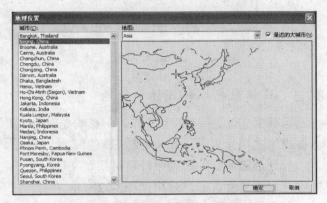

图8-19 "地理位置"对话框

- **地点**：地点的设置包括"轨道缩放"和"北向"。"轨道缩放"可以设置太阳与指南针红色箭头之间的距离，"北向"可以设置场景中指南针指北箭头的方向。默认"北向"为地平面中Y轴的正向，值为0；X轴的正向为东方，值为90。

日光也是自动根据所在地的经纬坐标、时间来定义，并且也可以基于地点、日期和时间对它们进行定位并实现移动动画。

单击"系统"命令面板中的 日光 按钮，就可以看到日光的各项参数，如图8-20所示。日光各参数意义与太阳光相同，这里不再重复。

8.2.2 标准灯概述

在3ds Max中，为了提高渲染速度，标准灯是不带有辐射性质的。这是因为带有光能传递的灯光计算速度很慢，想一想光线追踪材质的运算速度就会明白。也就是说，在3ds Max系统中，标准灯工作原理与自然界的灯光是有所不同的。如果要模拟自然界的光反射（如水面反光效果）、漫反射、辐射、光能传递、透光效果等特殊属性，就必须运用多种手段（不仅仅运用灯光手段，还可能是材质，如光线追踪材质等）进行模拟。

在3ds Max中，标准灯共有8种，分别是目标聚光灯、目标平行光、泛光灯、mr区域泛光灯、自由聚光灯、自由平行光、天光、mr区域聚光灯。

在命令面板上单击"创建"按钮 ，显示"创建"命令面板，再单击"灯光"按钮 ，显示"灯光"命令面板，默认是标准灯，如图8-21所示。

图8-20 日光参数面板

图8-21 "灯光"命令面板

8.2.3 目标聚光灯和目标平行光

目标聚光灯是一种投射光束，可影响光束内被照的物体，从而产生一种逼真的投影效果，当有物体遮挡光束时，光束将被截断。

打开前面制作的"为台灯赋材质"文件，然后在顶视图中再绘制一个长方体，并赋位图材质，调整其位置后，效果如图8-22所示。

单击"灯光"命令面板中的 目标聚光灯 按钮，在顶视图中按下鼠标拖动，然后单击常用工具栏中的"选择并移动"工具 ，选择目标聚光灯的目标点和发光点，调整其位置如图8-23所示。

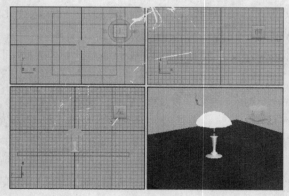

图8-22 台灯

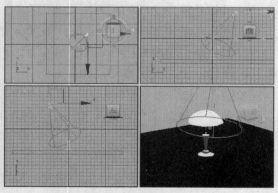

图8-23 添加目标聚光灯

选择透视图，然后按下"F9"键，就可以看到目标聚光灯效果，如图8-24所示。
下面分别讲解一下目标聚光灯的各项参数。

1. 常规参数

在"常规参数"中显示了灯光的类型、目标距离及阴影设置，如图8-25所示。
其参数意义如下：

· 灯光类型：灯光的类型共三种，分别是聚光灯、平行光、泛光灯，当然选择不同的灯光类型，就可以看到不同的目标距离。

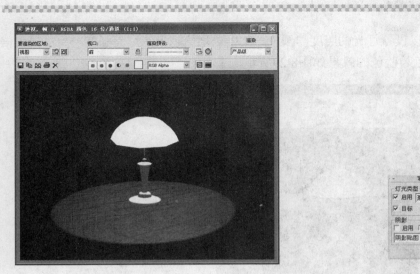

图8-24　目标聚光灯效果

图8-25　常规参数

- 阴影：可以设置是否启用阴影，是否使用全局设置及阴影类型设置。启用阴影效果如图8-26所示。
- 排除：单击 排除… 按钮，就会弹出"排除/包含"对话框，在这里可以设置聚光灯要照射哪些对象，如图8-27所示。

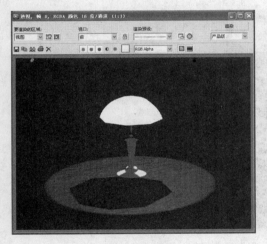

图8-26　启用阴影效果

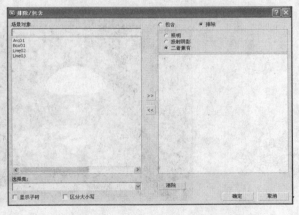

图8-27　"排除/包含"对话框

 如果选择"排除"单选按钮，表示右侧列表框中的对象不会被该灯光照射到，选择要排除的对象，单击>>即可，如果想让灯光照射到该对象，在右侧的列表框中选择该对象，单击<<即可。

2. 强度/颜色/衰减

在"强度/颜色/衰减"中，可以设置目标聚光灯的颜色、强度、衰减类型及近距衰减和远距衰减，如图8-28所示。

图8-28　强度/颜色/衰减参数

其参数意义如下：

- 倍增及颜色：可以设置灯光的照度与颜色，其中倍增值越大，灯光强度越大。设置倍增为2，灯光颜色为蓝色的效果如图8-29所示。

图8-29　参数设置及效果

- 远距衰减：是指随着距离的增加，光线越来越弱。设置远距衰减参数与效果如图8-30所示。

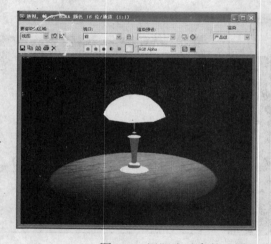

图8-30　远距衰减参数设置与效果

- 近距衰减：是指随着距离的减小，光线越来越弱。在效果图中一般使用远距衰减，不使用近距衰减。在制作灯光火焰效果时，要使近距衰减。
- 衰退类型：前面讲的近距或远距衰减，只有在衰退类型为"无"时起作用，还可以通过设置衰退类型为"倒数"或"平方反比"，再利用开始衰减位置来设置衰减，其中"平方反比"类型衰减更强。

3. 聚光灯参数

在"聚光灯参数"中可以设置灯光的聚光区和衰减区大小，可以设置光线区域是圆形或是矩形，如果是矩形，还可以设置纵横比，如图8-31所示。

其参数意义如下：

· 聚光区/光束：该参数用来设置聚光灯直接照射的区域的大小。

· 衰减区/区域：该参数用来设置聚光灯渐变衰减的区域的大小。
该区域大小要大于聚光区大小。设置不同的参数，则效果不
同，具体参数设置与效果如图8-32所示。

图8-31　聚光灯参数

图8-32　调整衰减区后的效果

· 光束形状：聚光灯的光束形状共两种，分别是圆和矩形，设置为矩形，并调整聚光区
与衰减区的大小后，效果如图8-33所示。

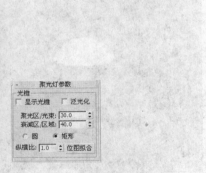

图8-33　矩形光束效果

· 如果光束形状设为矩形，则可以设置纵横比，也可以单击 位图拟合 按钮，设置光束的形
状及纵横比。设置纵横比为3的效果如图8-34所示。

4. 高级效果

在"高级效果"中可以设置聚光灯的对比度、柔化漫反射边，如图8-35所示。

其参数意义如下：

· 对比度：利用该参数可以设置光照的对比度，其值越大，则对比度越强。

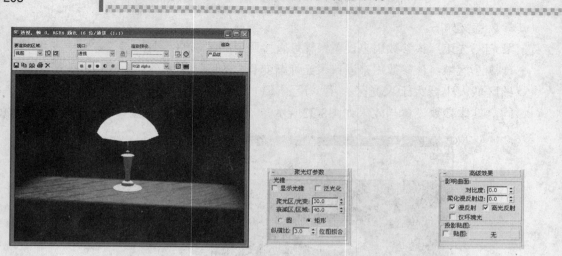

图8-34 设置长宽比为3的效果　　　　　　　　　图8-35 高级效果参数

- 柔化漫反射边：利用该参数可以设置光照衰减区的柔合程度，具体参数设置与效果如图8-36所示。
- 还可以设置，对比度、柔化漫反射边的调整对漫反射、高光反射、环境光是否起作用。
- 投影贴图：利用该参数可以设置物体光照阴影的贴图效果。

5. 阴影参数

在"阴影参数"中可以设置聚光灯阴影的颜色、密度，如图8-37所示。

图8-36 "对比度"和"柔化漫反射边"参数设置及效果　　　　图8-37 阴影参数

 必须在"常规参数"的"阴影"下，选中"启用"复选框，才可以使用阴影参数。

其参数意义如下：
- 阴影的颜色：利用该项可以设置物体在光照下的阴影颜色。
- 阴影的密度：利用该项可以设置物体在光照下的阴影强度，其值越小，阴影越弱。具体参数设置与效果如图8-38所示。

图8-38 阴影的颜色与密度的设置与效果

· 还可以设置阴影贴图，以及灯光颜色是否影响阴影颜色。

· 大气阴影：在后面课程中会讲到，这里不再多说。

目标平行光与目标聚光灯在参数项及参数设置上是一样的，并且都有光源点和目标点，它们两个唯一的区别是，目标聚光灯是锥形光，而目标平行光是筒形光。

单击"灯光"命令面板中的 目标平行光 按钮，目标平行光参数面板如图8-39所示。

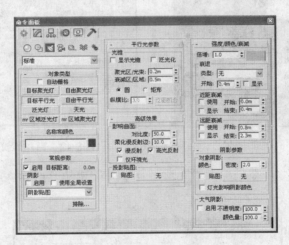

图8-39 目标平行光参数面板

单击"灯光"命令面板中的 目标平行光 按钮，在顶视图中按下鼠标拖动，然后单击常用工具栏中的"选择并移动"工具 ，选择目标平行光的目标点和发光点，调整其位置如图8-40所示。

选择透视图，按下键盘上的"F9"键，就可以看到目标平行光的效果，如图8-41所示。

8.2.4 自由聚光灯、自由平行光、mr区域聚光灯和天光

单击"灯光"按钮 ，然后单击"灯光"命令面板中的 自由聚光灯 按钮，自由聚光灯参数面板如图8-42所示。

自由聚光灯与目标聚光灯在参数项及参数设置上是一样的，这两种灯的区别是，自由聚光灯只有光源点，没有目标点，要调整光的照射方向要通过旋转工具旋转才行。目标聚光灯

既有光源点，也有目标点，可以通过目标点来调整照射位置及目标距离。

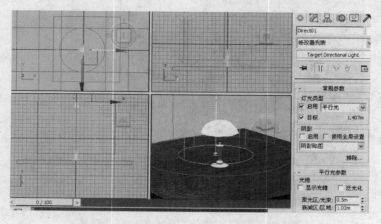

图8-40　设置目标平行光的位置与参数

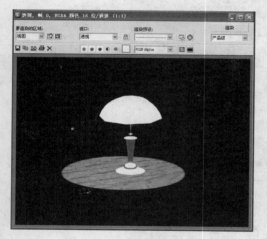

图8-41　目标平行光的效果

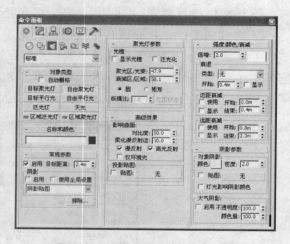

图8-42　自由聚光灯参数面板

单击"灯光"按钮，然后单击"灯光"命令面板中的 自由平行光 按钮，自由平行光参数面板如图8-43所示。

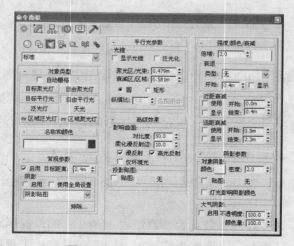

图8-43　自由平行光参数面板

　　自由平行光与目标聚光灯在参数项及参数设置上是一样的，自由平行光是筒形光，只有光源点，没有目标点。

　　mr区域聚光灯与聚光灯功能相同，也是一种投射光束，可影响光束内被照的物体，从而产生一种逼真的投影效果，当有物体遮挡光束时，光束将被截断。

　　单击"灯光"按钮，然后单击"灯光"命令面板中的 mr区域聚光灯 按钮，mr区域聚光灯参数面板如图8-44所示。

　　mr区域聚光灯参数与聚光灯几乎相同，只比聚光灯多了一个"区域灯光参数"，在其中可以设置区域类型，共两种，分别是圆和矩形。如果是圆，还可以设置圆的半径大小；如果是矩形，可以设置矩形的宽度与高度，还可以设置采样的V、V坐标值。

　　天光一般应用到室外效果，下面来具体看一下天光的应用。

　　单击"灯光"按钮，然后单击"灯光"命令面板中的 天光 按钮，天光参数面板如图8-45所示。

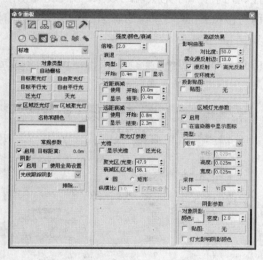

图8-44　mr区域聚光灯参数面板

图8-45　天光参数面板

各参数意义如下：

- 名称和颜色：利用该项可以设置天光的颜色和名字，这个名字在选择物体时相当重要。
- 倍增：单击"启用"复选框后，可以利用"倍增"项设置天光的大小。
- 天空颜色：可以设置天空的颜色，还可以使用贴图。
- 渲染：可以设置每采样光线数、光线偏移量，还可以设置天光是否有投影阴影。

8.2.5　泛光灯和mr区域泛光灯

　　泛光灯是非常重要的灯，它是一种可以向四面八方均匀照射的灯，它的照射范围可以任意调整，并且可以使物体产生投影效果。在效果图制作中，它一般都作为主灯，而其他几种灯都作为辅灯或补灯。

　　单击"灯光"按钮，然后单击"灯光"命令面板中的 泛光灯 按钮，泛光灯参数面板如图8-46所示。

　　泛光灯与目标聚光灯在参数项及参数设置上是一样的，这里不再多说。在场景中布局一个泛光灯、一个目标聚光灯、一个目标平行光、一个mr区域聚光灯，具体位置如图8-47所示。

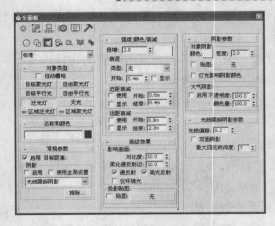

图8-46　泛光灯参数面板

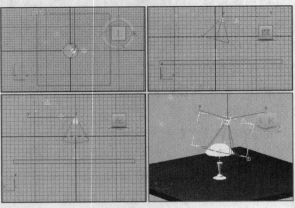

图8-47　灯光的布局

选择透视图，按下键盘上的"F9"键，就可以看到各种灯光照射的效果，如图8-48所示。

mr区域泛光灯与泛光灯功能相同，也是一种可以向四面八方均匀照射的灯，它的照射范围可以任意调整，并且可以使物体产生投影效果。

单击"灯光"按钮，然后单击"灯光"命令面板中的 mr区域泛光灯 按钮，mr区域泛光灯参数面板如图8-49所示。

图8-48　各种灯综合照射效果

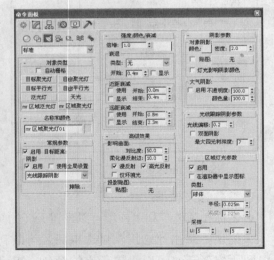

图8-49　mr区域泛光灯参数面板

mr区域泛光灯参数与泛光灯几乎相同，只比泛光灯多了一个"区域灯光参数"，在其中可以设置区域类型，共两种，分别是球体和柱体。如果是球体，还可以设置球体的半径大小；如果是柱体，可以设置柱体的半径和高度，还可以设置采样的V、V坐标值。

8.2.6　标准灯光使用技巧

标准灯光的布局是非常复杂的，不同的设计师有不同的布局方案，但是布局灯光有几条重要的原则，如果掌握好的话，灯光的布局就会容易很多。对于室内效果图与室内摄影，有个著名而经典的布光理论就是"三点照明"。

三点照明，又称为区域照明，一般用于较小范围的场景照明。如果场景很大，可以把它拆分成若干个较小的区域进行布光。一般有3盏灯即可，分别为主光灯、辅助光灯与背景光灯。

（1）主光灯：通常用它来照亮场景中的主要对象与其周围区域，并且担任给主体对象投影的功能。主要的明暗关系由主体光决定，包括投影的方向。主光灯的任务根据需要也可以用几盏灯来共同完成。主光灯在15度到30度的位置上，称顺光；在45度到90度的位置上，称为侧光；在90度到120度的位置上成为侧逆光。主体光常用泛光灯来完成。

（2）辅助光灯：又称为补光。用一个聚光灯照射扇形反射面，以形成一种均匀的、非直射性的柔和光源，用它来填充阴影区以及被主光灯遗漏的场景区域、调和明暗区域之间的反差，同时能形成景深与层次，而且这种广泛均匀布光的特性使它为场景打一层底色，定义了场景的基调。由于要达到柔和照明的效果，通常辅助光的亮度只有主光灯的50%～80%。

（3）背景光灯：它的作用是增加背景的亮度，从而衬托主体，并使主体对象与背景相分离。一般也使用泛光灯，亮度宜暗不可太亮。

布局灯光的顺序是：（1）确定主体光的位置与强度，（2）决定辅助光的强度与角度，（3）分配背景光与装饰光。这样产生的布光效果应该能达到主次分明、互相补充。

布光还有几个地方需要特别注意：

（1）灯光宜精不宜多。过多的灯光使工作过程变得杂乱无章、难以处理，显示与渲染速度也会受到严重影响。只有必要的灯光才能保留。另外要注意灯光投影与阴影贴图及材质贴图的用处，能用贴图替代灯光的地方最好用贴图。例如，要表现晚上从室外观看到的窗户内灯火通明的效果，用"自发光"贴图实现会方便得多，效果也很好，而不要用灯光去模拟。切忌随手布光，否则成功率将非常低。对于可有可无的灯光，要坚决不予保留。

（2）灯光要体现场景的明暗分布，要有层次性，切不可把所有灯光一概处理。根据需要选用不同种类的灯光，如选用聚光灯还是泛光灯；根据需要决定灯光是否投影，以及阴影的密度；根据需要决定灯光的亮度与对比度。如果要达到更真实的效果，一定要在灯光衰减方面下一番功夫。可以利用暂时关闭某些灯光的方法排除干扰，以对其他的灯光进行更好的设置。

（3）要知道3ds Max中的灯光是可以超现实的。要学会利用灯光的"排除"与"包括"功能决定灯光对某个物体是否起到照明或投影作用。例如，要模拟烛光的照明与投影效果，通常在蜡烛灯芯位置放置一盏泛光灯。如果这盏灯不对蜡烛主体进行投影排除，那么蜡烛主体将会在桌面上产生很大一片阴影。在建筑效果图中，也往往会通过"排除"的方法使灯光不对某些物体产生照明或投影效果。

（4）布光时应该遵循由主题到局部、由简到繁的过程。对于灯光效果的形成，应该先确定主格调，再调节灯光的衰减等特性来增强现实感，最后再调整灯光的颜色进行细致修改。如果要真实地模拟自然光的效果，还必须对自然光源有足够深刻的理解。不同场合下的布光用灯也是不一样的。如在室内效果图的制作中，为了表现出一种金碧辉煌的效果，往往会把一些主灯光的颜色设置为淡淡的橘黄色，可以达到材质不容易实现的效果。

8.2.7 为卧室布局灯光

（1）单击快速访问工具栏中的"打开文件"按钮 📂，打开"利用摄像机查看卧室效果"

文件，选择灯光并删除。

（2）添加主灯。单击"灯光"按钮 🔦，然后单击"灯光"命令面板中的 泛光灯 按钮，在前视图单击创建灯光，并把该灯命名为"主灯1"，具体如图8-50所示。

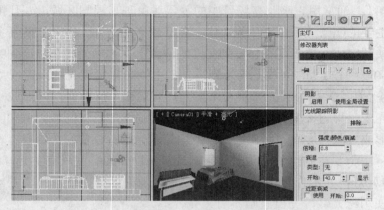

图8-50　布局"主灯1"

（3）选择摄像机视图，然后按下键盘上的"F9"键，这时卧室的渲染效果如图8-51所示。

（4）这时顶面还没有灯光照射到，下面再单击"灯光"命令面板中的 泛光灯 按钮，在前视图中再布局"主灯2"，然后调整其位置如图8-52所示。

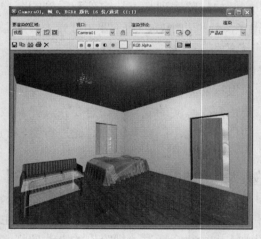

图8-51　布局"主灯1"后的效果

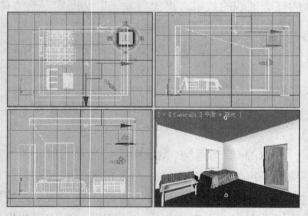

图8-52　布局"主灯2"

（5）选择摄像机视图，然后按下键盘上的"F9"键，这时卧室的渲染效果如图8-53所示。

（6）发现光照太强了，这是"主灯2"造成的，下面来调整"主灯2"的参数。选择"主灯2"，单击"灯光"命令面板中的 排除… 按钮，这时会弹出"排除/包含"对话框，单击"包含"单选按钮，然后双击"Box06"项，如图8-54所示。

（7）这样"主灯2"只照射到顶面，而对其他的墙面不起作用。

（8）选择摄像机视图，然后按下键盘上的"F9"键，这时卧室的渲染效果如图8-55所示。

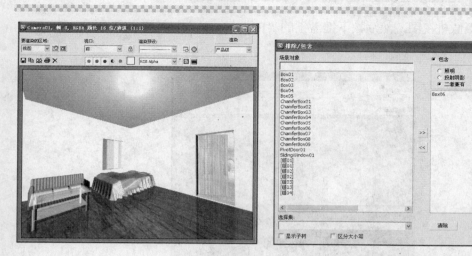

图8-53 布局"主灯2"后的效果

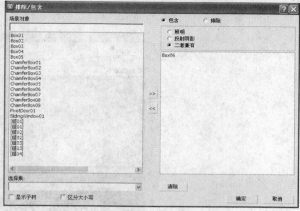

图8-54 "排除/包含"对话框

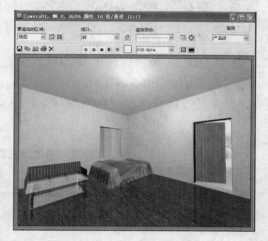

图8-55 调整"主灯2"后的效果

（9）添加辅灯。单击"灯光"命令面板中的 [自由聚光灯] 按钮，在前视图中绘制一个目标聚光灯，参数设置及位置如图8-56所示。

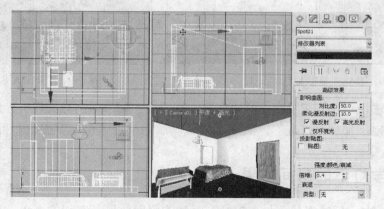

图8-56 目标聚光灯参数设置及位置

（10）选择摄像机视图，然后按下键盘上的"F9"键，这时卧室的渲染效果如图8-57所示。

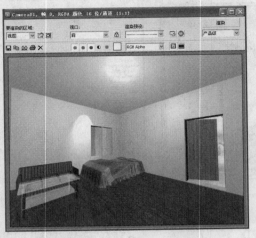

图8-57　目标聚光灯效果

（11）按下键盘上的"Ctrl"键，选择目标聚光灯的视点和目标点，再按下键盘上的"Shift"键，复制一个，调整其位置后如图8-58所示。

（12）选择摄像机视图，然后按下键盘上的"F9"键，这时卧室的渲染效果如图8-59所示。

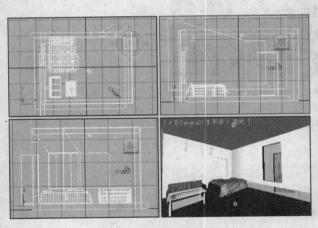

图8-58　复制目标聚光灯

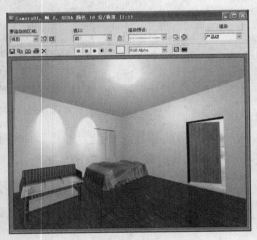

图8-59　为卧室添加标准灯光

（13）单击快速访问工具栏中的"保存文件"按钮，弹出"文件另存为"对话框，文件名为"为卧室添加标准灯光"，其他为默认，然后单击"保存"按钮即可。

8.3　光度学灯下的房间效果

在3ds Max中，标准灯是一种虚拟灯光，光的照射效果与空间的大小、模型的复杂程度关系不大。而光度学灯又称高级光照，可以模拟真实灯光，通过光能传递照亮空间。

在命令面板上单击"创建"按钮，显示"创建"命令面板，再单击"灯光"按钮，显示"灯光"命令面板，单击下拉按钮，选择"光度学"选项，如图8-60所示。

光度学灯共有3种，分别是目标灯光、自由灯光和mr Sky门户，下面分别讲解一下。

8.3.1 目标灯光和自由灯光

目标灯光具有光源点和目标点，通过光能传递照亮某个区域，下面来看一下该灯的具体参数及意义。

单击"灯光"按钮，单击"灯光"命令面板中下拉按钮，选择"光度学"选项，单击 目标灯光 按钮，目标参数面板如图8-61所示。

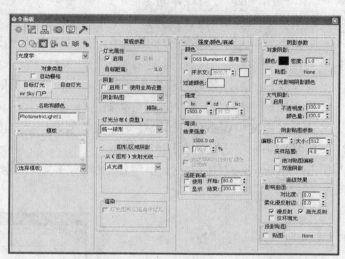

图8-60 "灯光"命令面板　　　　　　　图8-61 目标灯光参数面板

下面分别讲解一下目标灯光的各项参数。

- 模板：单击下拉按钮，可以选择不同类型的照明灯，如图8-62所示。
- 常规参数：可以设置灯光属性、是否具有阴影及选择灯光分布类型。单击灯光分布类型下拉按钮，就可以看到灯光分布类型，如图8-63所示。

图8-62 选择不同类型的照明灯　　　　　图8-63 灯光分布类型

- 图形/区域阴影：单击下拉按钮，可以看到目标灯光的形状类型，如图8-64所示。

"点光源"类似于现实生活中的一盏灯泡；"线"类似于一根灯管；"矩形"、"圆形"、"球体"、"圆柱体"分别类似于现实生活中的矩形灯、圆形灯、球形灯、圆柱灯。

选择"线"后，可以设置线的长度，还可以进一步设置渲染效果，如图8-65所示。

图8-64　目标灯光的形状类型

图8-65　线

选择"矩形"后，可以设置矩形的长度和宽度；选择"圆形"后，可以设置圆的半径；选择"球体"后，可以设置球体的半径；选择"圆柱体"后，可以设置圆柱体的半径和长度。

- 强度/颜色/衰减：可以设置目标灯光的颜色、强度、暗淡和远距衰减。
- 阴影参数：可以设置对象的阴影颜色、密度、是否贴图等。
- 阴影贴图参数：可以设置阴影的大小、偏移量及采样范围。
- 高级效果：可以设置目标灯光的对比度、柔化漫反射边，还可以设置对比度、柔化漫反射边的调整对漫反射、高光反射、环境光是否起作用。
- 分布（光度学Web）：如果灯光分布类型选择"光度学Web"，就会增加"分布（光度学Web）"选项，如图8-66所示。

单击"linear_cove"按钮，弹出"打开光域Web文件"对话框，可以选择Web灯，如图8-67所示。

图8-66　"分布（光度学Web）"选项

图8-67　"打开光域Web文件"对话框

选择Web灯后，还可以设置其X、Y和Z轴的旋转角度。

- 分布（聚光灯）：如果灯光分布类型选择"聚光灯"，就会增加"分布（聚光灯）"选项，如图8-68所示。

图8-68　"分布（聚光灯）"选项

在这里可以设置聚光灯直接照射的区域的大小和聚光灯衰减的区域的大小。

单击"灯光"按钮，单击"灯光"命令面板中的下拉按钮，选择"光度学"选项，单击　自由灯光　按钮，自由灯光参数面板如图8-69所示。

自由灯光参数与目标灯光相同，但自由灯光没有目标点，只有光源点。

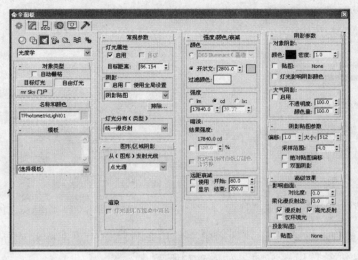

图8-69　自由灯光参数面板

8.3.2　mr Sky门户

　　mr Sky门户是灯光对象，是由日光系统生成的天光（相对于直接太阳光），然后将光线引导到选定场景对象的内部。

　　单击"灯光"按钮 ◁，单击"灯光"命令面板中的下拉按钮，选择"光度学"选项，单击 mr Sky 门户 按钮，mr Sky门户参数面板如图8-70所示。

　　各参数意义如下：

- 名称和颜色：利用该项可以设置mr Sky门户的颜色和名字，这个名字在选择物体时相当重要。
- 倍增：选中"启用"复选框后，可以利用"倍增"项设置mr Sky门户的大小。
- 阴影：可以设置是否启用阴影，是否是从户外产生，还可以进一步设置阴影采样。

图8-70　mr Sky门户参数面板

- 维度：可以设置mr Sky门户的长度和宽度，还可以进一步设置是否翻转光流动方向。
- 高级参数：可以设置在渲染器中是否可见，还可以选择mr Sky门户的颜色源。

光度学灯光在使用时要注意两点，分别是模型的尺寸及单位、模型空间最好是封闭空间。

8.3.3　为房间添加光度学灯

　　（1）单击快速访问工具栏中的"新建场景"按钮 ⬚，新建场景。

　　（2）单击菜单栏中的"自定义→单位设置"命令，弹出"单位设置"对话框，选择公制单位为"毫米"，如图8-71所示。

　　（3）设置好后，单击"确定"按钮，单击命令面板上的"长方体"按钮 长方体 ，在顶视图中绘制一个长方体，具体参数与效果如图8-72所示。

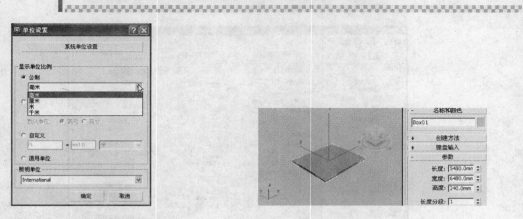

图8-71　"单位设置"对话框　　　　　　　　　　图8-72　绘制长方体

（4）同理再绘制一个长方体，然后单击常用工具栏中的"选择并移动"工具 ✥，调整长方体的位置，具体参数设置与效果如图8-73所示。

（5）利用同样的方法再制作其他墙体，并调整它们的位置，最终效果如图8-74所示。

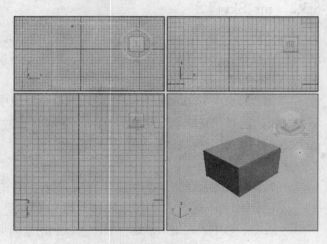

图8-73　绘制长方体并调整位置　　　　　　图8-74　其他墙体的大小与位置

（6）下面来布局摄像机。单击命令面板中的"摄像机"按钮 📷，再单击 目标 按钮，在顶视图中按下鼠标拖动，然后调整摄像机的位置，再选择透视图，按下"C"键，就可以看到摄像机视图效果，如图8-75所示。

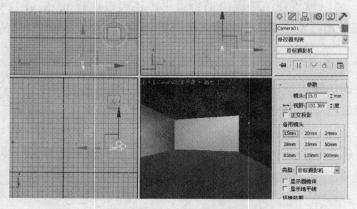

图8-75　摄像机视图效果

（7）在布局灯光之前，先来赋材质。按下键盘上的"**M**"键，打开"材质编辑器"对话框，然后单击"漫反射"后的▓按钮，弹出"材质/贴图浏览器"对话框，如图8-76所示。

（8）选择"建筑"类型，单击"确定"按钮，就可以看到建筑材质面板，如图8-77所示。

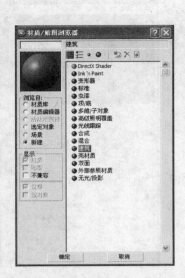

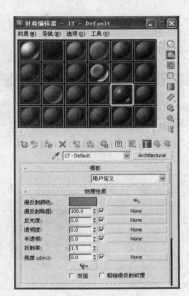

图8-76 "材质/贴图浏览器"对话框　　　　　图8-77 建筑材质面板

（9）选择除地面外的其他墙体，设置模板为"理想的漫反射"，然后设置"漫反射颜色"为淡灰色，如图8-78所示。

（10）单击"将材质赋给选择对象"按钮▓，然后单击"在视口中显示贴图"按钮▓，这时就把材质赋予了物体。

（11）选择地面，再选择一个样本球，设置模板为"油漆光泽的木材"，然后单击"漫反射贴图"后的 ▔▔▔None▔▔▔ 按钮，弹出"材质/贴图浏览器"对话框，选择"位图"类型，如图8-79所示。

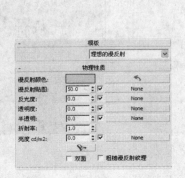

图8-78 "理想的漫反射"模板　　　　　图8-79 "材质/贴图浏览器"对话框

（12）单击"确定"按钮后，弹出"选择位图图像文件"对话框，如图8-80所示。

（13）选择位图后，单击"打开"按钮，就可以进行位图贴图编辑了，这里采用默认设置，如图8-81所示。

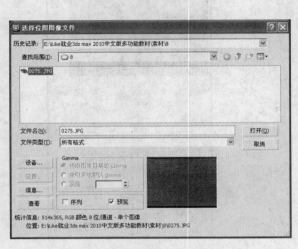

图8-80　"选择位图图像文件"对话框

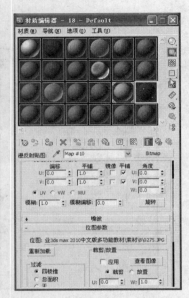

图8-81　位图贴图参数面板

（14）单击"返回上一级"按钮 ，就可以看到地面材质参数面板，如图8-82所示。

（15）单击"将材质赋给选择对象"按钮 ，然后单击"在视口中显示贴图"按钮 ，这时就把材质赋予了物体。

（16）单击"灯光"按钮 ，再单击"灯光"命令面板中下拉按钮，选择"光度学"选项，单击 目标灯光 按钮，在前视图中按下鼠标拖动，就在场景中布局了目标灯光，如图8-83所示。

图8-82　地面的材质参数面板

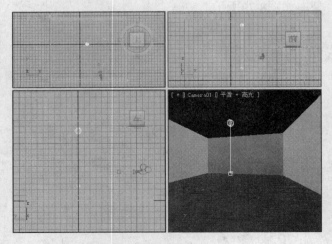

图8-83　添加目标灯光

（17）按下键盘上的"F10"键，打开"渲染设置"对话框，然后单击"高级照明"选项卡，这时对话框如图8-84所示。

（18）单击 设置... 按钮，弹出"环境和效果"对话框，设置曝光控制类型为"对数曝光控制"，如图8-85所示。

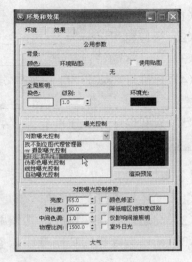

图8-84 "高级照明"选项卡 图8-85 "对数曝光控制"类型

（19）然后关闭"环境和效果"对话框，单击"高级照明"选项卡中的 开始 按钮，就可以进行光能传递了，最终效果如图8-86所示。

（20）选择摄像机视图，然后按下键盘上的"F9"键，这时就可以看到光能传递后的渲染效果，如图8-87所示。

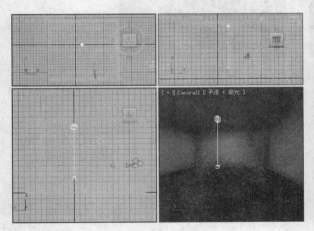

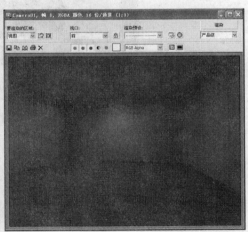

图8-86 光能传递后的效果 图8-87 光能传递后的渲染效果

（21）可以看到一盏灯就照亮了整个房间，这与现实生活中的灯相同。

（22）单击快速访问工具栏中的"保存文件"按钮，弹出"文件另存为"对话框，文件名为"光度学灯下的房间效果"，其他为默认，然后单击"保存"按钮即可。

本课习题

填空题

（1）灯光可以分为＿＿＿＿＿类，分别是＿＿＿＿＿＿、＿＿＿＿＿＿＿＿＿、＿＿＿＿＿＿＿＿＿。

（2）摄像机可以分为＿＿＿＿＿＿类，分别是＿＿＿＿＿＿＿＿、＿＿＿＿＿＿＿＿。

（3）泛光灯的特点是＿＿＿＿＿＿＿＿＿＿＿＿＿＿＿＿＿＿＿＿＿＿＿＿＿＿＿＿＿＿。

（4）标准灯可以分为＿＿＿类，分别是＿＿＿＿＿＿＿、＿＿＿＿＿＿＿、＿＿＿＿＿＿＿、
＿＿＿＿＿＿＿、＿＿＿＿＿＿＿＿＿＿＿＿＿＿、＿＿＿＿＿＿＿＿＿。

（5）光度学灯可以分为＿＿＿＿＿类，分别是＿＿＿＿＿＿＿＿＿＿＿＿、＿＿＿＿＿＿＿＿＿、
＿＿＿＿＿＿＿＿＿＿。

简答题

（1）简述标准灯与光度学灯的区别。

（2）简述什么是环境光，其作用是什么？

（3）简述摄像机的功能是什么？

上机操作

给图8-88添加灯光与摄像机，加入前后效果如图8-88所示。

图8-88　灯光与摄像机添加前后的效果

三 维 动 画

本课知识结构及就业达标要求

本课知识结构具体如下:

- 利用关键帧制作跷跷板动画
- 利用运动面板制作滚动的圆环
- 利用摄像机制作卧室效果漫游动画
- 利用运动关系动画制作滚动的球体
- 利用粒子系统制作烟花绽放动画

本课讲解3ds Max中常见的5类动画,包括关键帧动画、轨迹动画、摄像机动画、运动关系动画和粒子系统,并且每类动画都通过实例来分析讲解。通过本课的学习,掌握3ds Max动画制作方法与技巧,从而制作功能强大、生动形象的动画特效。

9.1 利用关键帧制作跷跷板动画

在3ds Max中设计制作动画是一个复杂的过程,可以通过模型的移动、旋转、缩放来完成,也可以通过模型的节点修改或弯曲、拉伸等修改来完成。如果要制作一些比较复杂的动画,如多个物体或组成部件间存在一定关系的动画,很难用基本的方法来实现,需要借助特殊的轨迹来完成。

3ds Max的动画可以分为5种,分别是关键帧动画、轨迹动画、摄像机动画、运动关系动画和粒子系统。

关键帧动画是比较简单的动画,主要通过时间滑块来实现,它主要是通过定义运动物体几个关键的点来实现运动效果。通过动画控制工具栏可以查看动画效果,下面先来看一下动画控制工具栏。

9.1.1 动画控制工具栏

在3ds Max软件的右下部可以看到动画控制工具栏,如图9-1所示。

图9-1 动画控制工具栏

利用动画控制工具栏可以设置关键帧,可以设置关键点过滤功能,可以对动画进行控制,如播放、暂停、转到上一帧、转到下一帧、转到开头、转到结束等。下面分别讲解一下常用按钮的功能。

- "播放动画"按钮▶：单击该按钮，就会播放动画，可以看到时间滑块从当前帧向后滑动，滑动到最后一帧，时间滑块会自动返回到第一帧，再开始滑动播放动画。
- "暂停"按钮▉：单击"播放动画"按钮▶后，按钮就变成"暂停"按钮▉，单击该按钮，则时间滑块暂停到当前帧。
- "下一帧"按钮▶▶：单击该按钮，则时间滑块移动到当前帧的下一帧。
- "上一帧"按钮◀◀：单击该按钮，则时间滑块移动到当前帧的上一帧。
- "转到开始帧"按钮◀◀：单击该按钮，则时间滑块移动到第一帧。
- "转到结尾帧"按钮▶▶：单击该按钮，则时间滑块移动到最后一帧。
- "关键帧切换模式"按钮▶◀：按下该按钮后，即变成▉，动画播放控制按钮由◀◀ ◀◀ ▶ ▶▶ ▶▶│变成 ◀◀ │◀ ▶ ▶│ ▶▶│。
- 当前帧提示文本框16 ▲▼：当时间滑块滑动时，在该文本框中显示时间滑动当前所在的帧，也可以通过调节按钮来进行当前帧的移动，也可以直接输入数值，然后按"Enter"键，则当前帧就转到文本框中输入的帧。
- "时间配置"按钮▦：单击该按钮，会弹出"时间配置"对话框，利用该对话框可以设置帧速率、时间显示、播放参数、动画时间、长度、帧数等参数，如图9-2所示。
"时间配置"对话框中各参数的意义如下：
（1）帧速率：用于设定动画播放的国际标准，共4种，分别是NTSC、PAL、电影、自定义。其中，NTSC是美国录像播放制式，帧速率为30帧/秒；PAL是欧洲录像播放制式，帧速率为30帧/秒，而电影是3ds Max系统默认的动画播放方式，帧速率为24帧/秒。
（2）时间显示：用来设定各种时间的显示方式，该显示方式将显示在时间滑块的中间。
（3）播放：可以设定是否是实时播放，是否是仅在活动视图中播放，还可以设置播放的速度，可以是帧速率的1/4、1/2、1、2、4倍。播放的方向可以是向前、向后或反复。
（4）动画：可以设置动画播放的开始时间、结束时间、长度、帧数。
- "设置关键点"按钮 设置关键点：单击该按钮后，时间滑块的轨迹由灰色变成暗红色，即可以进行关键帧的编辑。
- "关键点过滤器"按钮 关键点过滤器...：单击该按钮后，会弹出"设置关键点过滤器"对话框，如图9-3所示。

图9-2　"时间配置"对话框　　　　　　图9-3　"设置关键点过滤器"对话框

· 时间滑块 ＜ 16 / 100 ＞：用鼠标可以拖动时间滑块，前面的数字表示当前帧的位置，而后面的数值为帧数，所以在拖动时，前面的数发生改变，而后面的数不变。单击前面的按钮，可以向前移动一帧，单击后面的按钮，可以向后移动一帧。

9.1.2 跷跷板动画

（1）单击快速访问工具栏中的"新建场景"按钮▭，新建场景。

（2）单击"切角长方体"工具按钮 切角长方体 ，在顶视图中绘制切角长方体，具体参数与效果如图9-4所示。

（3）同理，在顶视图中再绘制切角长方体，然后调整其位置，参数设置与效果如图9-5所示。

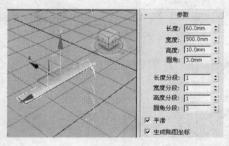

图9-4 绘制切角长方体

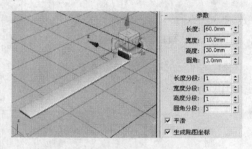

图9-5 挡板参数设置与效果

（4）选择挡板，按下键盘上的"**Shift**"键，拖动鼠标复制挡板，共复制三个，调整它们的位置后，效果如图9-6所示。

（5）选择场景中的所有对象，单击菜单栏中的"组→成组"命令，弹出"组"对话框，然后单击"确定"按钮，把所有的对象变成一个组，如图9-7所示。

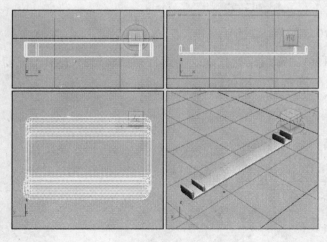

图9-6 复制挡板

图9-7 "组"对话框

（6）绘制支撑柱。单击"切角圆柱体"工具按钮 切角圆柱体 ，在顶视图中绘制切角圆柱体，然后调整其位置，具体参数设置与效果如图9-8所示。

（7）绘制跷跷板对象。在这里绘制一个茶壶和圆环，然后调整它们的位置，如图9-9所示。

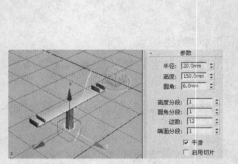 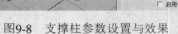

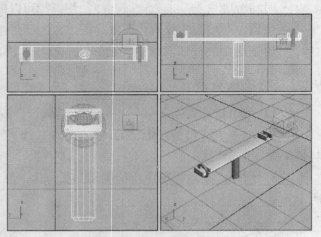

图9-8 支撑柱参数设置与效果   图9-9 绘制跷跷板对象

（8）制作动画。单击动画控制工具栏中的 自动关键点 按钮，这时时间滑块轨迹变成暗红色，如图9-10所示。

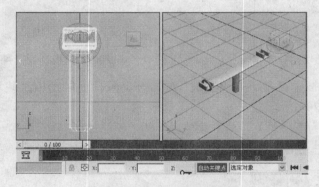

图9-10 设置自动关键点

（9）拖动时间滑块到第20帧，然后单击常用工具栏中的"选择并旋转"按钮 ↻，在前视图中旋转除支撑柱外的其他所有对象，旋转后如图9-11所示。

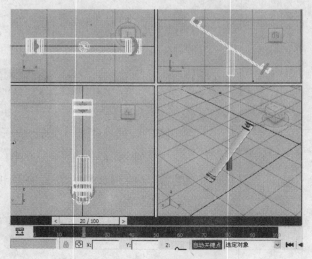

图9-11 第20帧的动画效果

（10）拖动时间滑块到第60帧，同理旋转除支撑柱外的所有对象，然后调整它们的位置，如图9-12所示。

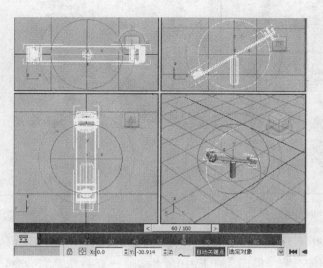

图9-12　第60帧的动画效果

（11）拖动时间滑块到第80帧，同理旋转除支撑柱外的所有对象，然后调整它们的位置，如图9-13所示。

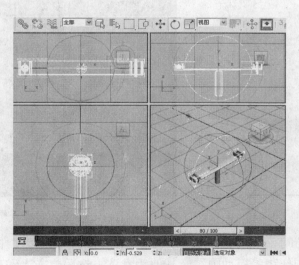

图9-13　第80帧的动画效果

（12）单击"时间配置"按钮 ，在弹出的"时间配置"对话框中，取消选中"实时"复选框，就可以播放动画。"时间配置"对话框具体参数设置如图9-14所示。

（13）选择透视图，单击"播放动画"按钮 ，就可以看到跷跷板动画效果。

（14）预览动画效果。单击菜单栏中的"动画→生成预览"命令，弹出"生成预览"对话框，在该对话框中可以进一步设置动画的预览范围、帧速率、图像大小、渲染视口等参数，如图9-15所示。

（15）这里采用默认设置，然后单击 创建 按钮，弹出"视频压缩"对话框，如图9-16所示。

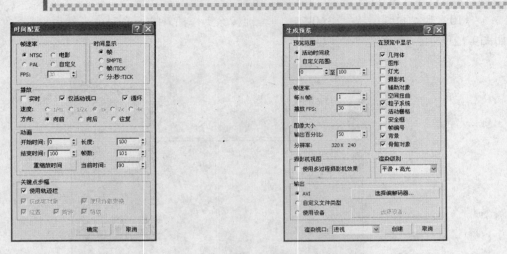

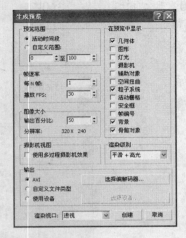

图9-14　"时间配置"对话框　　　　　　　　图9-15　"生成预览"对话框

（16）可以选择不同的压缩程度，这里采用默认设置，这样就可生成预览动画。

（17）查看预览效果。单击菜单栏中的"动画→查看预览"命令，弹出Windows Media Play播放器，可以看到动画效果，如图9-17所示。

图9-16　"视频压缩"对话框　　　　　　　　图9-17　查看预览效果

（18）单击快速访问工具栏中的"保存文件"按钮，弹出"文件另存为"对话框，文件名为"利用关键帧制作跷跷板动画"，其他为默认，然后单击"保存"按钮即可。

9.2　利用运动面板制作滚动的圆环

在3ds Max中可以制作沿指定路径运动的动画，即绘制运动对象及二维运动路径，然后让对象沿着路径做运动。

9.2.1　"运动"命令面板

轨迹动画一般都是利用运动面板来实现的。在命令面板上单击"运动"按钮，显示"运动"命令面板，该面板共有两大项，一是参数，另一是轨迹，下面先来看一下运动参数，如

图9-18所示。

各参数意义如下：

· 指定控制器：可以指定变换对象在X、Y和Z轴上的位置、旋转和缩放。

· PRS参数：可以设置关键点是位置、旋转或缩放。

· 位置XYZ参数：可以设置关键点的位置轴。

· 关键点基本信息：可以设置关键点的时间及值信息，还可以看到输入、输出样式。

· 关键点高级信息：可以具体设置输入、输入参数值。

单击 轨迹 按钮，就可以看到轨迹参数，如图9-19所示。

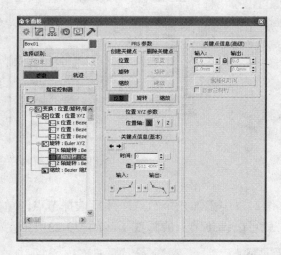

图9-18 运动参数

图9-19 轨迹参数

各参数意义如下：

· 采样范围：设置动画的开始、结束时间及采样数。

（1）开始时间：利用该项可以设置样条曲线转换为物体运动轨迹时的开始时间。

（2）结束时间：利用该项可以设置样条曲线转换为物体运动轨迹时的结束时间。

（3）采样数：利用该项可以设置样条曲线转换为物体运动轨迹时的取样率，该数值越高，精度值越高。

· 样条线转化：设置样条曲线与运动轨迹之间的相互转换。

（1）"转化为"按钮：将选中的运动轨迹转化为样条曲线。

（2）"转化自"按钮：将选中的样条曲线转化为运动轨迹。

· 塌陷变换：用于生成关键点。

（1）"塌陷"按钮：单击该按钮，就执行塌陷操作。

（2）位置：选中该复选框，则在进行移动的运动轨迹上生成关键点。

（3）旋转：选中该复选框，则在进行旋转的运动轨迹上生成关键点。

（4）缩放：选中该复选框，则在进行缩放的运动轨迹上生成关键点。

9.2.2　滚动的圆环

（1）单击快速访问工具栏中的"新建场景"按钮 ，新建场景。

（2）设计滚动滑道。单击命令面板上的“图形”按钮，再单击“线”工具按钮 线 ，在左视图中绘制如图9-20所示的二维对象。

（3）选择二维图形，单击右键，在弹出的菜单中选择“转换为→转换为可编辑样条线”命令，然后单击按钮，这时命令面板如图9-21所示。

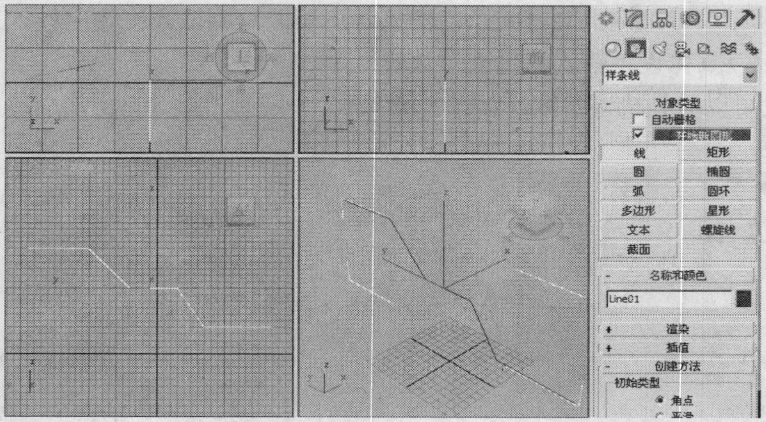

图9-20 绘制二维对象

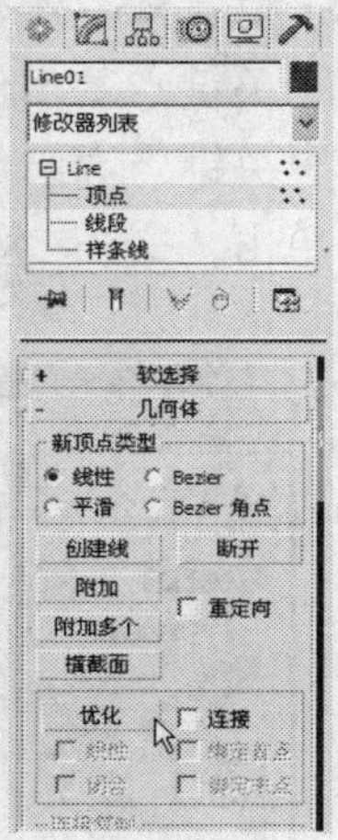

图9-21 可编辑样条线修改面板

（4）单击面板中的 优化 按钮，在二维对象中添加几个节点，然后选择节点，单击右键，在弹出的菜单中选择“Bezier”命令，就可以调整节点的弧度了，如图9-22所示。

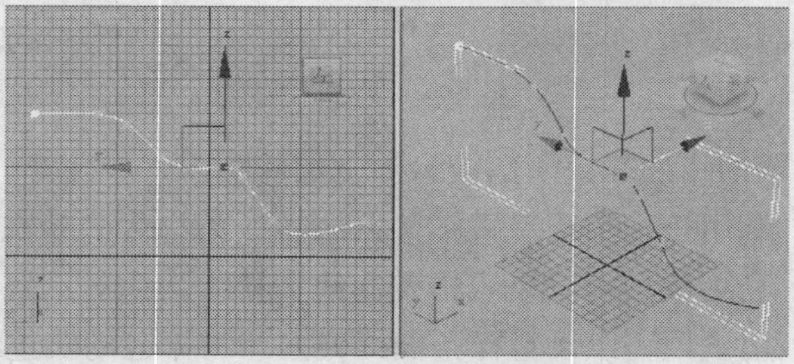

图9-22 增加节点并调整节点

（5）按下键盘上的“Shift”键，复制一条曲线。

（6）选择曲线，再选择样条线，然后进行轮廓处理，数值为200，具体参数设置与效果如图9-23所示。

（7）选择经过轮廓处理的二维对象，单击面板中的下拉按钮，选择“挤出”选项，具体参数设置与效果如图9-24所示。

（8）按下键盘上的“Shift”键，复制两个，然后调整它们的宽度和位置，效果如图9-25所示。

（9）单击“圆环”工具按钮 圆环 ，在左视图中绘制圆环，具体参数设置及效果如图9-26所示。

（10）调整圆环的中心。单击按钮，然后单击 仅影响轴 按钮，调整圆环的中心到圆环的下边缘，如图9-27所示。

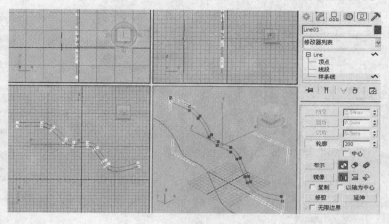

图9-23 轮廓处理

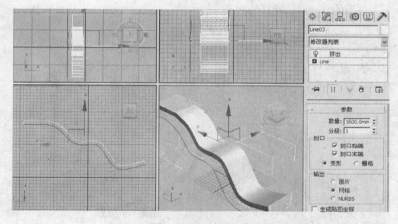

图9-24 挤出效果

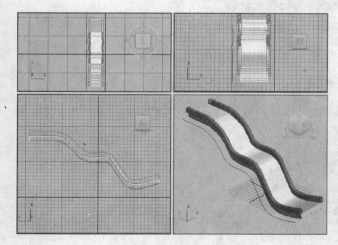

图9-25 滑道效果

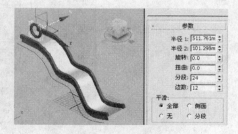

图9-26 绘制圆环

（11）设计动画。选择圆环，在命令面板上单击"运动"按钮 ◎，单击 轨迹 按钮，设置采样数为20，具体如图9-28所示。

（12）单击 转化自 按钮，单击场景中的二维曲线，这样就形成一条运动轨迹，如图9-29所示。

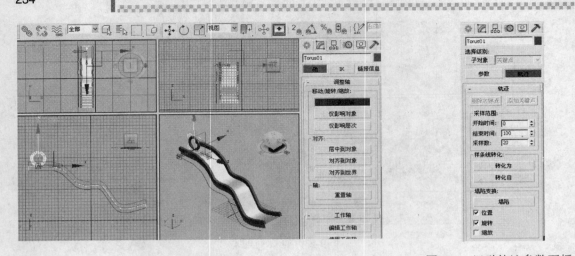

图9-27　调整圆环的中心　　　　　　　　　　　图9-28　运动轨迹参数面板

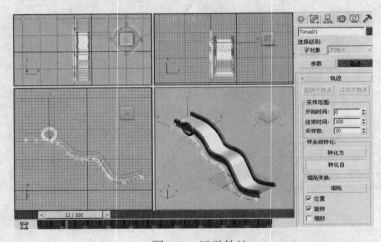

图9-29　运动轨迹

（13）选择运动轨迹，然后调整其位置，效果如图9-30所示。

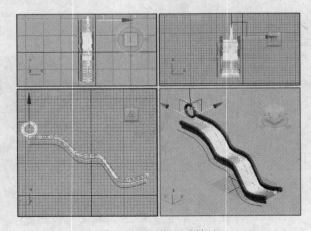

图9-30　调整运动轨迹

（14）选择透视图，单击"播放动画"按钮▶，就可以看到滚动的圆环动画效果。

（15）预览动画效果。单击菜单栏中的"动画→生成预览"命令，弹出"生成预览"对话框，采用默认设置，然后单击 创建 按钮，弹出"视频压缩"对话框，如图9-31所示。

（16）可以选择不同的压缩程度，这里采用默认设置，这样就可生成预览动画。

（17）查看预览效果。单击菜单栏中的"动画→查看预览"命令，弹出Windows Media Play播放器，可以看到动画效果，如图9-32所示。

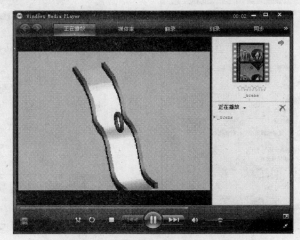

图9-31 "视频压缩"对话框   图9-32 查看预览效果

（18）单击快速访问工具栏中的"保存文件"按钮，弹出"文件另存为"对话框，文件名为"利用运动面板制作滚动的圆环"，其他为默认，然后单击"保存"按钮即可。

9.3 利用摄像机制作卧室效果漫游动画

摄像机动画也是一种比较重要的动画，就是场景中的对象并不发生变化，而是改变摄像机的目标点或摄像点位置或移动摄像机，从而产生动画效果。摄像机动画的本质是关键帧动画，下面通过具体的实例来讲解一下摄像机动画。

（1）单击快速访问工具栏中的"打开文件"按钮 ，打开"为卧室添加标准灯光"文件，如图9-33所示。

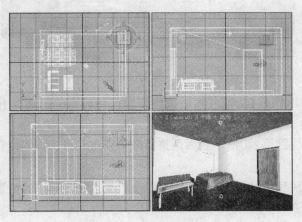

图9-33 打开文件

（2）设置动画时间。单击"时间配置"按钮，弹出"时间配置"对话框，设置结束时间为320，即动画共有320帧，如图9-34所示。

（3）设置好后，单击"确定"按钮。单击 自动关键点 按钮，就可以制作动画了。拖动时间滑块到第80帧，然后调整摄像机位置，并设置镜头为35，如图9-35所示。

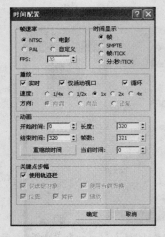

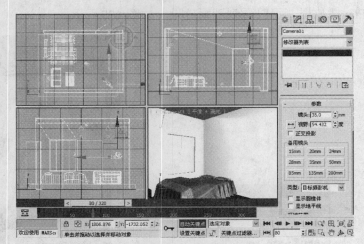

图9-34　"时间配置"对话框　　　　　　　图9-35　调整摄像机的位置并改变镜头大小

（4）拖动时间滑块到第120帧，然后调整摄像机的位置及目标点的位置，调整后如图9-36所示。

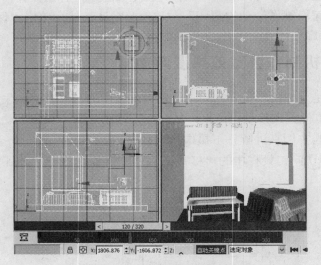

图9-36　第120帧效果

（5）拖动时间滑块到第160帧，然后调整摄像机目标点的位置，并设置镜头为20，调整后如图9-37所示。

（6）拖动时间滑块到第240帧，然后调整摄像机视点和目标点的位置，并设置镜头为15，调整后如图9-38所示。

（7）拖动时间滑块到第280帧，然后调整摄像机视点和目标点的位置，并设置镜头为20，调整后如图9-39所示。

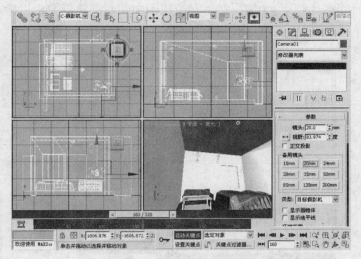

图9-37　第160帧效果

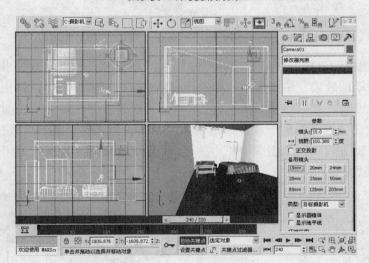

图9-38　第240帧效果

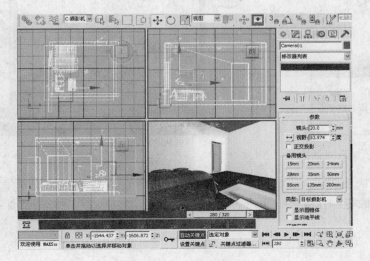

图9-39　第280帧效果

（8）拖动时间滑块到第300帧，然后在俯视图中向左调整摄像机目标点的位置，调整后如图9-40所示。

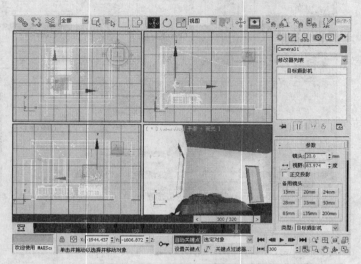

图9-40　第300帧效果

（9）选择透视图，单击"播放动画"按钮▶，就可以看到卧室效果漫游动画效果。

（10）预览动画效果。单击菜单栏中的"动画→生成预览"命令，弹出"生成预览"对话框，采用默认设置，然后单击 创建 按钮，弹出"视频压缩"对话框，如图9-41所示。

（11）可以选择不同的压缩程度，这里采用默认设置，这样就可生成预览动画。

（12）查看预览效果。单击菜单栏中的"动画→查看预览"命令，弹出Windows Media Play播放器，可以看到动画效果，如图9-42所示。

图9-41　"视频压缩"对话框　　　　　　　　图9-42　查看预览效果

（13）单击快速访问工具栏中的"保存文件"按钮🖫，弹出"文件另存为"对话框，文件名为"利用摄像机制作卧室效果漫游动画"，其他为默认，然后单击"保存"按钮即可。

9.4 利用运动关系动画制作滚动的球体

运动关系动画是最重要的，也是最常用的动画类型，即在制作动画之前，先创建对象间的关系，然后利用对象间的关系实现链动效果。下面讲解一下运动关系动画的参数设置及正向、反向运动动画。

9.4.1 运动关系参数设置

运动关系参数主要是通过"层"命令面板来调整的，单击"层"按钮 ，就显示"层"命令面板，共包括三项，分别是轴、**IK**和链接信息。

单击"轴"按钮，就可以看到轴参数，利用轴参数可以设置移动、旋转、缩放影响对象不同组成部分及对齐方式，并且可以设置移动、旋转、缩放不影响的对象，如图9-43所示。

图9-43 层的轴参数

各参数意义如下：

- 移动/旋转/缩放

（1）单击 仅影响轴 按钮后，以后的操作只对物体的轴心起作用。

（2）单击 仅影响对象 按钮后，以后的操作只对对象起作用，而对轴心及层次没有影响。

（3）单击 仅影响层次 按钮后，以后的操作只对物体的次级关联物体起作用，而对对象本身及没有关联的对象不起作用。

- 对齐

（1）单击 居中到对象 按钮，则按轴心对齐对象的中心。

（2）单击 对齐到对象 按钮，则轴心对齐对象。

（3）单击 对齐到世界 按钮，则对象对齐世界坐标。

- 轴：单击 重置轴 按钮，可以重置对角的轴。

- 工作轴：可以使用工作轴，也可以编辑工作轴，还可以对齐轴。

- 调整变换：单击"不影响子对象"按钮，则所做的移动、旋转或缩放不对子对象起作用；单击"变换"按钮，则将对象重设为世界坐标轴；单击"缩放"按钮，则重新设定变形母体的缩放，反映对象的新比例。

单击"链接信息"按钮，就可以看到链接参数，如图9-44所示。

各参数意义如下：

· 锁定：可以设置链接对象是否可以移动、缩放、旋转，并且可以进一步锁定不同的轴。

· 继承：设置链接对象的继承属性，在默认状态都要选择，即子对象继承父对象的所有属性。

单击"**IK**"按钮，就可以看到IK反向参数，如图9-45所示。

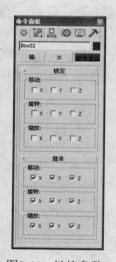

图9-44　链接参数

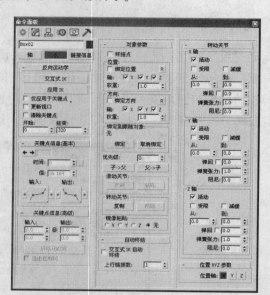

图9-45　IK反向参数

各参数意义如下：

· 反向运动学

（1）单击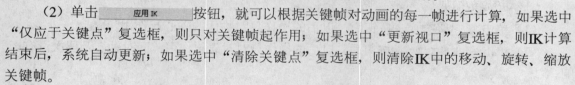按钮，就成功设置了对象的反向运动。

（2）单击　应用IK　按钮，就可以根据关键帧对动画的每一帧进行计算，如果选中"仅应于关键点"复选框，则只对关键帧起作用；如果选中"更新视口"复选框，则IK计算结束后，系统自动更新；如果选中"清除关键点"复选框，则清除IK中的移动、旋转、缩放关键帧。

（3）开始和结束：设置IK动画的开始和结束时间。

· 对象参数

（1）选中"终结点"复选框，就可以设置反向运动的物体的终结点。

（2）位置：可以设置是否绑定对象自身的空间位置，并可以设置绑定的轴向、绑定影响的程度，单击　绑定　按钮，则位置设置生效，单击　取消绑定　按钮，则位置设置无效。

（3）优先级：可以设置链接的优先程度，单击　子->父　按钮，则子对象的优先级高，单击　父->子　按钮，则父对象的优先级高。

（4）滑动关节：主要用来实现接头的移动。

（5）转动关节：主要用来实现接头的转动。

（6）镜像粘贴：用来设置各项反向运动参数，镜像复制到另一连接物体上。

・自动终结

（1）选中"交互式IK自动终结"复选框，系统会启动自动终止功能。

（2）"上行链接数"用来设置反向运动的作用范围。

・关键点信息：可以设置关键点的具体时间和值。

・转动关节：可以设置X、Y和Z轴是否活动、是否受限、是否减缓，还可以设置转动节点的时间、弹回、弹簧张力和阻尼。

・位置XYZ参数：可以设置位置轴为X、Y或Z。

9.4.2 正向和反向运动动画

正向运动动画是指当父对象在移动、旋转、缩放时，子对象也随着改变，而当子对象在改变时，父对象不变的运动方式。

选择对象1，单击主工具栏中的"选择并链接"按钮，按下鼠标左键拖动到对象2，则两个对象建立链接关系，其中对象1是子对象，而对象2是父对象。

选择子对象，然后单击主工具栏中的"断开当前选择链接"按钮，就可以断开两个对象的链接关系。

反向运动动画是指当子对象在移动、旋转、缩放时，父对象也随着改变，而当父对象在改变时，子对象不变的运动方式。反向运动动画是通过层的IK反向参数来控制的。

9.4.3 滚动的球体

（1）单击快速访问工具栏中的"新建场景"按钮，新建场景。

（2）在顶视图中绘制一个球体、一个长方体、一个圆柱体，调整它们的位置后，效果如图9-46所示。

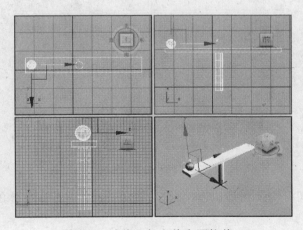

图9-46 球体、长方体和圆柱体

（3）选择球体，单击主工具栏中的"选择并链接"按钮，按下鼠标左键拖动到长方体，这样长方体就成为父对象，而球体就成为子对象。

（4）这样对长方体进行旋转、移动、缩放时，球体也会跟着改变。

（5）单击动画控制工具栏中的 自动关键点 按钮，这时时间滑块轨迹变成暗红色，然后拖动"时间滑块"到第40帧，旋转长方体并移动球体的位置，最终效果如图9-47所示。

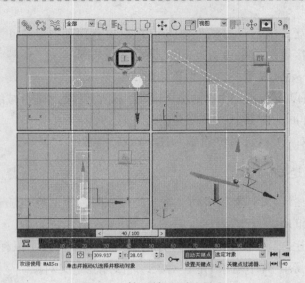

图9-47　第40帧动画效果

（6）拖动"时间滑块"到第80帧，然后旋转长方体并移动球体的位置，最终效果如图9-48所示。

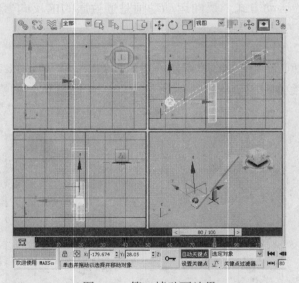

图9-48　第80帧动画效果

（7）拖动"时间滑块"到第100帧，然后旋转长方体并移动球体的位置，最终效果如图9-49所示。

（8）选择透视图，单击"播放动画"按钮 ►，就可以看到滚动的球体动画效果。

（9）预览动画效果。单击菜单栏中的"动画→生成预览"命令，弹出"生成预览"对话框，采用默认设置，然后单击 创建 按钮，弹出"视频压缩"对话框，如图9-50所示。

（10）可以选择不同的压缩程度，这里采用默认设置，这样就可生成预览动画。

（11）查看预览效果。单击菜单栏中的"动画→查看预览"命令，弹出Windows Media Play播放器，可以看到动画效果，如图9-51所示。

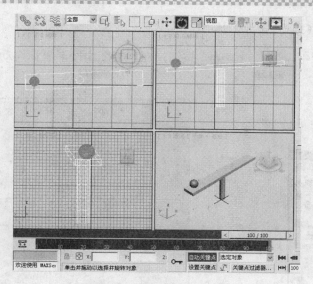

图9-49 第100帧动画效果

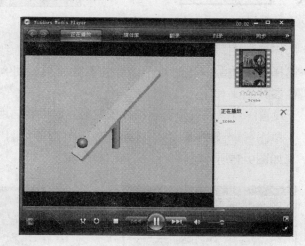

图9-50 "视频压缩"对话框　　　　　　图9-51 查看预览效果

（12）单击快速访问工具栏中的"保存文件"按钮▣，弹出"文件另存为"对话框，文件名为"利用运动关系动画制作滚动的球体"，其他为默认，然后单击"保存"按钮即可。

9.5 利用粒子系统制作烟花绽放动画

粒子动画是指由大量的固体颗粒与液体小颗粒构成场景环境三维动画，从而形成烟雾蒙蒙的效果，常用于模拟自然界的风、雨、雪等效果。在粒子动画中要注意粒子的数量、形状、运动、产生或消失速度等参数的设置。

在命令面板上单击"创建"按钮❋，显示"创建"命令面板，然后单击"几何体"按钮○，单击下拉按钮，选择"粒子系统"选项，这时就显示粒子系统面板，如图9-52所示。

在3ds Max中粒子系统共有7种，分别是PF Source（粒子流源）、雪、喷射、暴风雪、粒子云、粒子阵列和超级喷射，下面来讲解一下常用的粒子系统。

9.5.1　PF Source（粒子流源）和雪

在粒子系统面板中，单击 PF Source 按钮，在顶视图中按下鼠标拖动产生一个长方形，如图9-53所示。

图9-52　粒子系统面板

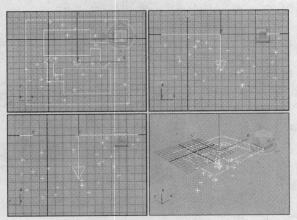

图9-53　粒子流源

选择透视图，单击"播放动画"按钮▶，会看到粒子流源动画效果。

选择粒子流源，这时粒子流源的参数面板如图9-54所示。

各参数意义如下：

- 设置：可以设置是否启用粒子发射，如果要启用，只需选中"启用粒子发射"复选框；单击 粒子视图 按钮，弹出"粒子视图"对话框，可以设置不同的粒子视图，如图9-55所示。

图9-54　粒子流源的参数面板

图9-55　"粒子视图"对话框

- 发射：包括发射器图标设置和数量倍增设置。

（1）徽标大小：用来设置粒子流源图标的大小，其值越大，粒子流源图标越大。

（2）图标类型：用来设置粒子流源图标的类型，共有4种，分别是长方形、长方体、圆形、球体。

（3）选择不同的图标类型，就有不同的参数设置。如果设置为长方形，可以设置其长度与宽度，如果设置为长方体，可以设置其长度、宽度、高度，如果设置为圆形和球体，可以设置其直径。

（4）还可以设置是否显示徽标、图标。

（5）视口数量：可以设置在视图中显示粒子流的数量，其值越大，则视图中显示的粒子越多。

（6）渲染数量：可以设置渲染输出时粒子流的数量，其值越大，则在渲染输出时显示的粒子越多。

· 系统管理

（1）粒子数量：用来设置粒子最大数量。

（2）积分步长：用来设置视口和渲染输出时的帧频。

在粒子系统面板中，单击 雪 按钮，在顶视图中按下鼠标拖动产生一个长方形，如图9-56所示。

选择透视图，单击"播放动画"按钮▶，会看到雪花飘落效果。

选择雪花，这时雪花的参数面板如图9-57所示。

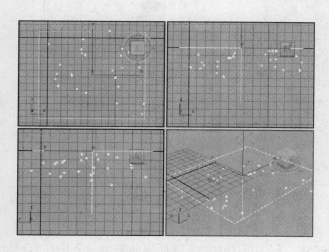

图9-56 雪花特效

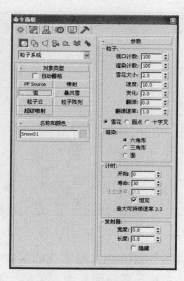

图9-57 雪花的参数面板

各参数意义如下：

· 粒子

（1）视口计数：在视图中显示的雪花个数。

（2）渲染计数：在渲染时显示的雪花个数。

（3）雪花大小：决定单个雪花粒子的大小，其值越大，则雪花越大。

（4）速度：决定单个雪花粒子的下落速度，其值越大，则雪下得越快。

（5）变化：决定雪花形状的多样性，其值越大，则雪花形状样式越多。

（6）翻滚：设置雪花下落时翻滚的程度，其值越大，则雪花翻滚越历害。

（7）翻滚速率：设置雪花下落时翻滚的速率。

（8）雪花的形状：共有三种，分别是雪花、圆点、十字叉。

· 渲染：雪花的渲染形状共有三种，分别是六角形、三角形、面。

・计时

（1）开始：用来设置雪花动画的开始帧数。

（2）寿命：用来设置雪花粒子在视图中存在的时间。

（3）出生速率：用来设置雪花诞生的速度快慢。

・发射器

（1）宽度：用来设置雪花飘落的范围的宽度。

（2）长度：用来设置雪花飘落的范围的长度。

（3）选中"隐藏"复选框，将隐藏发射器，即在场景中看不到发射器。

9.5.2　喷射和暴风雪

在粒子系统面板中，单击　　喷射　　按钮，在顶视图中按下鼠标拖动产生一个长方形，如图9-58所示。

选择透视图，单击"播放动画"按钮▶，会看到喷射动画效果。

选择喷射，这时喷射参数面板如图9-59所示。

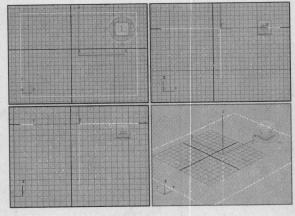

图9-58　喷射

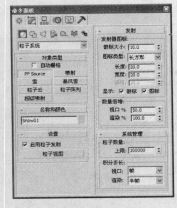

图9-59　喷射的参数面板

各参数的意义同雪花的参数相同，这里不再重复。

在粒子系统面板中，单击　　暴风雪　　按钮，在顶视图中按下鼠标拖动产生一个长方形，如图9-60所示。

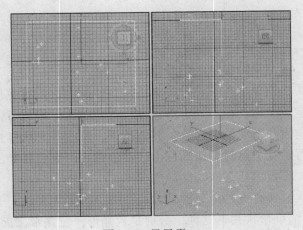

图9-60　暴风雪

选择透视图,单击"播放动画"按钮 ▶,会看到暴风雪动画效果。

选择暴风雪,这时暴风雪的参数面板如图9-61所示。

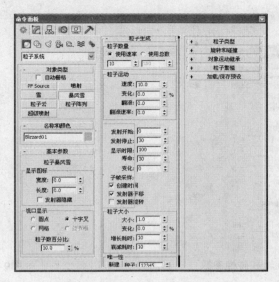

图9-61 暴风雪的参数面板

各参数意义如下:

- 基本参数:可以设置暴风雪发射器的长度与宽度及是否隐藏发射器,还可以设置暴风雪在视图中的显示形状,共四种,分别是圆点、十字叉、网格、边界框。

- 粒子生成:可以设置暴风雪粒子的数量,粒子运动的速度、变化、翻滚、翻滚率,粒子的开始发射时间、结束发射时间、显示时限、寿命、变化,还可以设置暴风雪粒子的大小。

- 粒子类型:暴风雪粒子共分三大种,分别是标准粒子、变形球粒子、实例几何体,如果是标准粒子,粒子形状有8种,如图9-62(左)所示。如果是变形球粒子,则可以设置变形球的张力与变化,如图9-62(中)所示。如果是实例几何体,则可以设置几何体为暴风雪粒子,并且可以设置动画偏移关键点的类型,如图9-62(右)所示。

标准粒子　　　　　　变形球粒子　　　　　　实例几何体

图9-62 粒子类型参数

- 旋转和碰撞:可以设置暴风雪粒子自旋转的时间、相位、变化,还可以对自旋转轴向进行设置,还可以设置粒子发生碰撞时的反弹值与变化值,如图9-63所示。

- 粒子繁殖:可以设置粒子是碰撞后消亡还是繁殖,还可以设置是否是繁殖拖尾,还可以进一步设置粒子繁殖的方向混乱程度、速度混乱程度、缩放混乱程度,如图9-64所示。

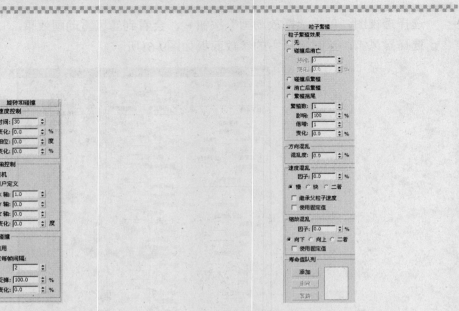

图9-63　旋转和碰撞参数　　　　　　　　　　图9-64　粒子繁殖参数

- 对象运动继承：可以设置对象运动继承的倍增、影响程度及变化值，如图9-65所示。
- 加载/保存预设：可以把设置好的暴风雪参数保存起来，可以加载、删除预设，如图9-66所示。

图9-65　对象运动继承参数　　　　　　　　图9-66　加载/保存预设参数

9.5.3　粒子云、粒子阵列和超级喷射

在粒子系统面板中，单击　粒子云　按钮，在顶视图中按下鼠标拖动产生一个长方体，如图9-67所示。

选择透视图，单击"播放动画"按钮▶，会看到粒子云动画效果。

选择粒子云，这时粒子云的参数面板如图9-68所示。

各参数的意义同暴风雪几乎相同。但要注意的是，可以利用粒子云制作运动的物体同时发射粒子效果，首先单击"基本参数"中的　拾取对象　按钮，然后单击运动的物体，这样当物体运动时就会发射粒子云效果。

在粒子系统面板中，单击　粒子阵列　按钮，在顶视图中按下鼠标拖动产生一个正方体，如图9-69所示。

选择粒子阵列，这时粒子阵列的参数面板如图9-70所示。

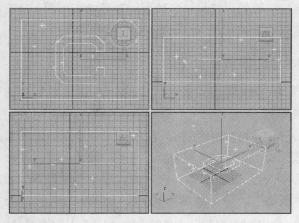

图9-67 粒子云

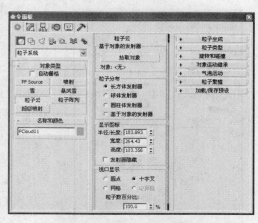

图9-68 粒子云的参数面板

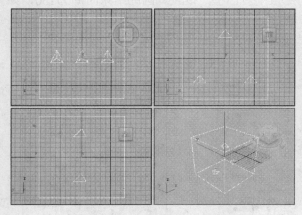

图9-69 粒子阵列

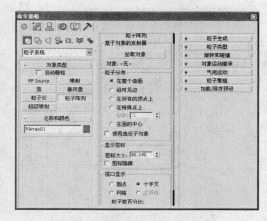

图9-70 粒子阵列的参数面板

各参数的意义同暴风雪几乎相同。但要注意的是，利用粒子阵列与粒子云制作动画的方法相同，即首先单击"基本参数"中的 拾取对象 按钮，然后单击运动的物体，这样当物体运动时就会发射粒子效果。

在粒子系统面板中，单击 超级喷射 按钮，在顶视图中按下鼠标拖动产生一个圆形，如图9-71所示。

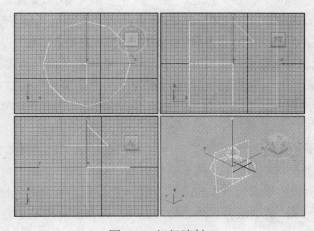

图9-71 超级喷射

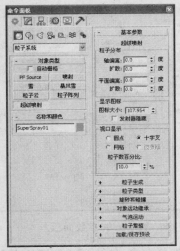

图9-72　超级喷射的参数面板

选择超级喷射，这时超级喷射的参数面板如图9-72所示。各参数的意义同暴风雪，这里不再重复。

9.5.4　烟花绽放动画效果

（1）单击快速访问工具栏中的"新建场景"按钮，新建场景。

（2）单击　超级喷射　按钮，在顶视图中绘制超级喷射粒子发射器，设置轴偏离为30度，平面扩散为60度，使粒子在发射时产生一定的扩散。在"视口显示"中设置显示方式为"网格"，显示数量为100%，如图9-73所示。

（3）单击视图控制区中的"时间配置"按钮，打开"时间配置"对话框，设置动画的结束时间为150，如图9-74所示。

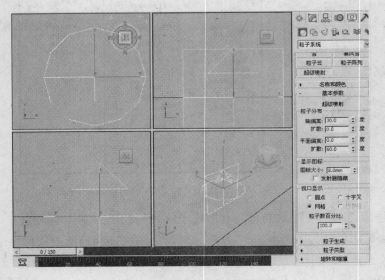

图9-73　绘制超级喷射粒子发射器

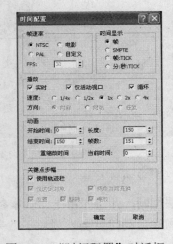

图9-74　"时间配置"对话框

（4）设置好后，单击"确定"按钮，在"粒子生成"中，设置"粒子数量"为"使用总数"，在发射期内产生的粒子总数为8。在"粒子运动"中设置粒子速度为4.0。在"粒子计时"中设置粒子显示时限为150，寿命值为80，如图9-75所示。

（5）在"粒子类型"中设置粒子类型为"标准粒子"，以"面"方式显示，如图9-76所示。

（6）在"粒子繁殖效果"中设置繁殖方式为"消亡后繁殖"，这样粒子在消亡后按照产卵数量的设置进行产卵，设置繁殖数目为80，倍增值为80，在"方向混乱"中设置混乱度为90%，如图9-77所示。

（7）拖动时间滑块，可以看到粒子产生了烟花爆炸效果，如图9-78所示。

（8）为烟花赋材质。选择烟花，按下键盘上的"M"键，弹出"材质编辑器"对话框，选择一个样本球，设置着色模式为"Blinn"，单击"漫反射"右侧的色块，弹出颜色选择器。设置漫反射颜色的红、绿、蓝数值分别为255、72、0，设置自发光程度为100，如图9-79所示。

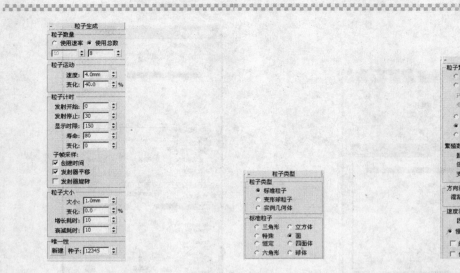

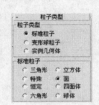

图9-75 设置粒子生成参数　　　图9-76 设置粒子类型及显示方式　　　图9-77 粒子繁殖参数设置

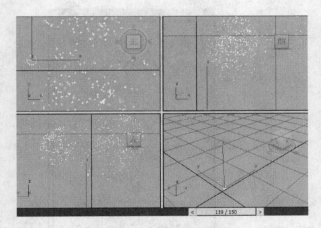

图9-78 粒子产生了烟花爆炸效果

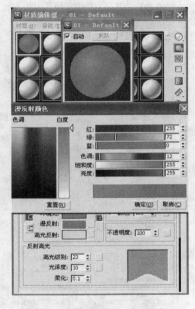

图9-79 设置粒子材质基本参数

（9）设置好材质参数后，单击材质编辑器工具行中的 按钮，就可以把材质赋给物体，为了能在视图中显示其材质效果，单击材质编辑器工具行中的 按钮。

（10）为粒子增加镜头特效。单击菜单栏中的"渲染→效果"命令，打开"环境和效果"对话框。单击效果下的"添加"按钮，打开"添加效果"对话框，选择"镜头效果"，如图9-80所示。

（11）选择"镜头效果"后，单击"确定"按钮，在"环境和效果"对话框中，就显示出镜头效果参数，选择"Glow"，单击 按钮，添加到右侧的列表框中，如图9-81所示。

（12）在视图中选择粒子，单击鼠标右键，在弹出的菜单中单击"对象属性"命令，弹出"对象属性"对话框。在该对话框中设置对象ID为1，这样就可以通过对象ID为粒子添加镜头特效了，如图9-82所示。

图9-80　"环境和效果"对话框

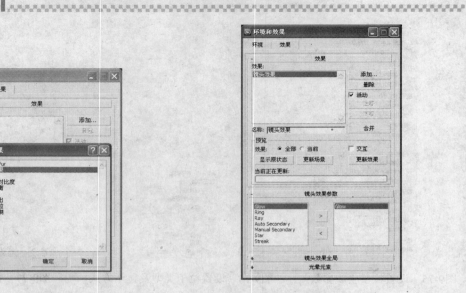

图9-81　镜头效果参数

（13）设置好后，单击"确定"按钮。在"镜头效果全局"中设置大小为1，在"光晕元素"中设置光晕大小为2。这样将以粒子的材质作为发光源，如图9-83所示。

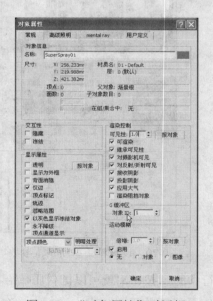

图9-82　"对象属性"对话框

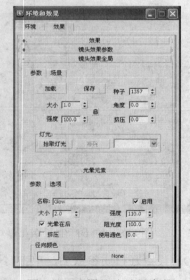

图9-83　设置镜头效果参数

（14）单击"光晕元素"中的"选项"选项卡，勾选ID为1的对象，这样就和对象属性对应起来，光晕特效将添加给粒子，如图9-84所示。

（15）选择透视图，然后按下键盘上的"F9"键，就可以看到烟花渲染效果，如图9-85所示。

（16）选择透视图，单击"播放动画"按钮▶，会看到烟花绽放动画效果。

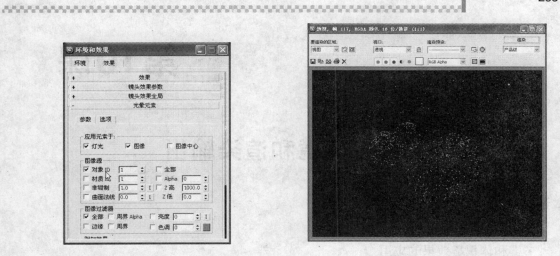

图9-84 勾选ID为1的对象　　　图9-85 烟花渲染效果

本课习题

填空题

（1）3ds Max中的动画类型有多种，请举3种不同类型：＿＿＿＿＿＿、＿＿＿＿＿＿＿＿、
＿＿＿＿＿＿＿＿＿＿。

（2）运动关系动画分为两种，分别是＿＿＿＿＿＿、＿＿＿＿＿＿＿＿。

（3）粒子动画是＿＿＿＿＿＿＿＿＿＿＿＿＿＿＿＿＿＿＿＿＿＿＿＿＿＿。

（4）轨迹动画是通过＿＿＿＿＿＿＿＿＿＿＿＿＿＿＿来实现的。

简答题

（1）简述摄像机动画的特点与本质。

（2）简述制作关键帧动画的步骤。

上机操作

制作卷页文字动画特效，其中第20帧、第30帧、第42帧、第50帧效果分别如图9-86所示。

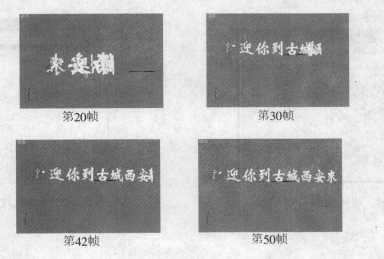

第20帧　　　　　　　　　第30帧

第42帧　　　　　　　　　第50帧

图9-86 卷页文字动画特效

大气环境和渲染输出

本课知识结构及就业达标要求

本课知识结构具体如下：

- 雾和体积雾效果的应用
- 体积光和火效果的应用
- 默认扫描线渲染器和mental ray渲染器
- mental ray渲染下的卧室效果

本课讲解大气环境、默认扫描线渲染器和mental ray渲染器，并且每个知识点都通过实例来分析讲解。通过本课的学习，掌握渲染输出与大气环境的使用方法和技巧，从而制作出专业水准的效果图或动画效果。

10.1 大气环境的应用

大气环境共有4种，分别是雾、体积雾、体积光、火效果，用来模拟自然界的雾、光、火焰效果。

单击菜单栏中的"渲染→环境"命令，或按数字"8"键，弹出"环境和效果"对话框，如图10-1所示。

在该对话框中可以添加、删除、上移或下移、合并大气环境效果，还可以给大气环境效果命名。单击 添加... 按钮，弹出"添加大气效果"对话框，该对话框显示了所有大气环境效果，如图10-2所示。

图10-1　"环境和效果"对话框

图10-2　"添加大气效果"对话框

10.1.1 雾和体积雾效果的应用

雾效果又分为标准雾与分层雾两种，在"添加大气效果"对话框中选择"雾"，单击"确定"按钮，就添加了雾效果，雾参数面板如图10-3所示。

下面通过具体实例讲解一下雾效果。

（1）首先在顶视图中拖入两棵植物，并添加一个背景贴图，渲染效果如图10-4所示。

（2）选择"标准"类型，在默认情况下，远端参数起作用，参数值从0到100，0表示没有雾，而100表示雾最大，设置远端参数为40的效果如图10-5所示。

（3）设置雾的颜色（默认为白色）。单击颜色块，弹出"颜色选择器"对话框，设置颜色为淡紫色（RGB值为240、200、240），如图10-6所示。

（4）再把远端参数设置为50，这时渲染效果如图10-7所示。

图10-3 雾参数面板

图10-4 植物效果

图10-5 标准雾远端参数为40的效果

（5）选中"指数"复选框，则近端与远端参数一起作用，如果近端值大于远端值，则以雾的反色影响效果，如果远端值大于近端值，则以雾的颜色影响效果，差值越大，效果越明显。

（6）在雾参数面板中，选择"分层"类型。分层雾的衰减类型共三种，分别是顶、底、无。还可以设置分层雾的顶端开始位置、底端开始位置及雾的密度，密度越大，则雾的效果越明显。

（7）设置"顶"值为50，"底"值为0，"密度"为80，衰减类型为"顶"时的效果，如图10-8所示。

（8）还可以进一步设置分层雾是否有地平线噪波效果，选中"地平线噪波"复选框，就可以设置噪波的大小、角度和相位。其中，"大小"控制分层雾纹理的大小，"角度"控制分层雾水平线的边缘柔合效果，而"相位"则可以动态改变分层雾效果，如图10-9所示。

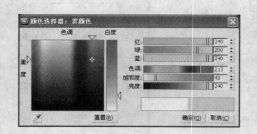

图10-6   "颜色选择器"对话框   图10-7   雾颜色设置

图10-8   分层雾效果   图10-9   地平线噪波效果

标准雾与分层雾只能产生雾蒙蒙的效果或直线渐变式的雾蒙蒙的效果，如果需要设计制作密度不同的烟雾效果，则使用体积雾来完成。通过体积雾可以创造出云烟流动的美妙动画效果。体积雾共有两种，分别是场景体积雾和局部体积雾。

在"添加大气效果"对话框中选择"体积雾"，单击"确定"按钮，就添加了体积雾效果，体积雾参数面板如图10-10所示。

下面通过具体实例讲解一下体积雾效果。

（1）首先在顶视图中拖入两棵植物，并添加一个背景贴图。

（2）单击"颜色"对应的颜色块，弹出"颜色选择器"对话框，可以设置体积雾的颜色为淡黄色。

（3）下面设置体积雾的密度大小，其值越大，则雾的浓度越大，场景越朦胧。设置密度为20时，效果如图10-11所示。

（4）利用"步长大小"和"最大步数"两个参数设置体积雾的变化程度，步长越大，则雾变化越明显，而"最大步数"用来调整体积雾最大变化次数。

图10-10 体积雾参数面板

图10-11 密度为20的体积雾效果

（5）选中"雾化背景"复选框，则背景贴图也会被雾化，雾化背景后的效果如图10-12所示。

（6）噪波类型共有3种，分别是规则、分形、湍流。选择不同的类型，则体积光效果不同。

（7）利用"噪波阈值"可以设置噪波的高、低、均匀性值，还可以设置噪波的大小、级别、相位及风力强度值。

（8）利用"风力来源"可以设置风的方向，共有六个方向，分别是前、后、左、右、顶、底，具有噪波的体积雾效果如图10-13所示。

图10-12 雾化背景

图10-13 具有噪波的体积雾效果

（9）局部体积雾要先创建大气虚拟物，然后再给大气虚拟物添加大气效果。

（10）绘制大气虚拟物。在命令面板上单击"创建"按钮❀，显示"创建"命令面板，然后单击"辅助对象"按钮❑，单击下拉按钮，选择"大气装置"选项，这时面板如图10-14所示。

（11）大气虚拟物共3种，分别是长方体虚拟物、圆柱体虚拟物、球体虚拟物。单击相应按钮，就可以在场景中绘制虚拟物，在这里绘制长方体虚拟物和球体虚拟物，然后调整它们的位置，如图10-15所示。

图10-14　大气装置参数面板

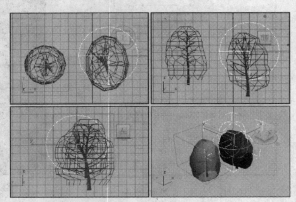

图10-15　大气虚拟物

（12）在体积雾参数面板中，单击 拾取 Gizmo 按钮，分别选择两个虚拟物，如图10-16所示。

（13）选择透视图，按下键盘上的"F9"键，就可以看到设置体积雾参数后的渲染效果，如图10-17所示。

图10-16　选择虚拟物

图10-17　局部体积雾效果

10.1.2　体积光和火效果的应用

体积光也是大气环境效果中一个非常重要的效果，要使用体积光，首先在场景中绘制一种灯，注意不能为泛光灯类型。

在"添加大气效果"对话框中选择"体积光"，单击"确定"按钮，就添加了体积光效果，体积光参数面板如图10-18所示。

下面通过具体实例讲解一下体积光效果。

（1）在顶视图中拖入两棵植物和一盏目标聚光灯，并添加一个背景贴图，如图10-19所示。

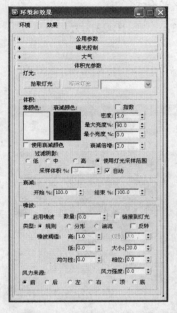

图10-18　体积光参数面板

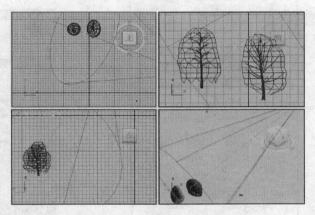

图10-19　绘制植物和目标聚光灯

（2）利用"灯光"选项组，可以设置体积光灯，也可以删除体积光灯，单击 拾取灯光 按钮，然后单击场景中的灯光，就添加了体积光效果，渲染效果如图10-20所示。

（3）利用"体积"选项组可以设置体积光的雾颜色、衰减颜色、密度、最大亮度、最小亮度、衰减倍增、过滤阴影。在这里设置密度为2、最大亮度为20、最小亮度为0、衰减倍增为2，渲染效果如图10-21所示。

图10-20　拾取灯光效果

图10-21　体积光效果

（4）利用"衰减"选项可以设置衰减的开始位置与结束位置。

（5）还可以进行噪波参数设置，其参数意义同体积雾相同，这里不再重复。

大气环境的火效果，也要通过大气虚拟物来表现，利用它可以模拟自然界的火焰效果。

在"添加大气效果"对话框中选择"火效果"，单击"确定"按钮，就添加了火效果，火效果参数面板如图10-22所示。

下面通过具体实例讲解一下火效果。

（1）在顶视图中拖入三棵植物，并添加一个背景贴图，如图10-23所示。

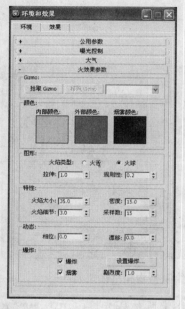

图10-22　火效果参数面板

图10-23　三棵植物

（2）绘制大气虚拟物。在命令面板上单击"创建"按钮，显示"创建"命令面板，然后单击辅助对象按钮，单击下拉按钮，选择"大气装置"选项，这时面板如图10-24所示。

（3）单击不同的虚拟物按钮，可以在场景中绘制不同类型的虚拟物，如图10-25所示。

图10-24　大气装置参数面板

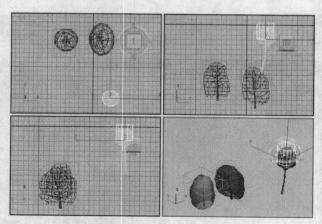

图10-25　绘制不同类型的虚拟物

（4）单击 拾取 Gizmo 按钮，分别选择三个虚拟物，如图10-26所示。

（5）利用"颜色"选项组可以设置火焰的内部颜色、外部颜色及烟雾颜色，在这里采用默认设置。

（6）利用"图形"选项组可以设置火焰的类型：火舌或火球，还可以进一步设置拉伸量与规则性。拉伸量越大，则火焰越大，规则性越大，则火焰效果越明显。

（7）"拉伸"为5，"规则性"为0.1时的效果如图10-27所示。

图10-26 拾取虚拟物   图10-27 拉伸为5，规则性为0.1时的效果

（8）利用"特性"选项组可以设置火焰大小、火焰细节、密度、采样数。火焰大小值越大，火焰越大，火焰细节值越大，则火焰的细致程度越高，表达越细致。

（9）利用"动态"选项组可以设置火焰的相位及漂移性，相位可以控制火焰的变化程度，漂移可以控制火焰燃烧时的流动量的大小。

（10）利用"爆炸"选项组可以设置火焰的动画效果，可以设置火焰的爆炸、烟雾的剧烈度的值，并且可以设置爆炸的开始时间与结束时间。火焰参数设置及效果如图10-28所示。

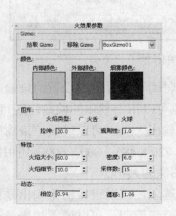

图10-28 火焰参数设置及效果

10.2 渲染输出

在渲染输出效果图或动画时，可以指定渲染器的类型，共分3种，分别是默认扫描线渲染器、mental ray渲染器、VUE文件渲染器，并且可以设置图像的品质、精度及品质与渲染速度的关系。最常用的渲染器是前两种，下面来具体讲解一下。

10.2.1 默认扫描线渲染器

默认扫描线渲染器是3ds Max系统默认的渲染器，前面讲解的各种效果都是在该渲染器中渲染输出的。单击菜单栏中的"渲染→渲染"命令，弹出"渲染设置"对话框，如图10-29所示。

1. 渲染公用参数

在"公用"选项卡中可以对公用参数、指定渲染器、电子邮件通知等进行设置，具体参数意义如下：

• 公用参数：单击"公用参数"前面的"+"号，就可以看到公用参数，如图10-30所示。

图10-29 "渲染设置"对话框   图10-30 公用参数

（1）时间输出：可以设置渲染输出是单帧，还是多帧，如果是多帧，还可以设置活动时间段，也可以指定具体的帧数，还可以单独指定某些帧。

（2）输出大小：可以设置渲染输出图像的大小，有四个标准选项，分别是320×240、640×480、720×486、800×600，还可以设置图像纵横比、像素纵横比。当然还可以自定义渲染输出图像的大小。

（3）选项：可以设置渲染输出是否有大气、效果、置换、视频颜色检测等功能。

（4）高级照明：可以设置渲染是否要使用高级照明、是否要计算高级照明。

（5）渲染输出：可以设置渲染输出文件的默认保存位置或默认设备。

- 电子邮件通知：选中"启用通知"复选框，就可以在渲染输出后，通过电子邮件通知对方，如图10-31所示。
- 指定渲染器：单击指定渲染器前面的"+"号，就可以看到指定渲染器参数，如图10-32所示。

图10-31 启用电子邮件通知对方

图10-32 指定渲染器参数

（1）单击"产品级"后面的 ... 按钮，弹出"选择渲染器"对话框，如图10-33所示，在该对话框中可以指定不同的渲染器。

（2）在这里还可以对材质编辑器进行设定，一般不要手工设定，要与渲染器同步，即"材质编辑器"项后的小锁是按下状态 。

2. 高级照明

在"渲染设置"对话框中，单击"高级照明"选项卡，就会看到高级照明参数，如图10-34所示。

图10-33 "选择渲染器"对话框

图10-34 高级照明参数

高级照明共有三种，分别是无照明插件、光跟踪器、光能传递。在默认情况下是"无照明插件"，在进行户外天光效果渲染时，一般使用"光跟踪器"，"光能传递"是一个高级光照，前面已讲过。

3. 光线跟踪器

在"渲染设置"对话框中，单击"光线跟踪器"选项卡，就会看到光线跟踪器参数，如图10-35所示。

各参数意义如下：

（1）光线深度控制：可以设置光线的最大深度值、中止阈值、最大深度时使用的颜色。

（2）全局光线抗锯齿器：可以设置是否启用全局光线抗锯齿器，如果启用，则可防止渲染时对象的边缘处产生锯齿效果，但会减慢渲染速度。

（3）全局光线跟踪引擎选项：可以设置是否启用光线跟踪、光线跟踪大气、启用自反射/折射等，还可以实现加速控制。

4. 渲染器

在"渲染设置"对话框中，单击"渲染器"选项卡，就会看到渲染器参数，如图10-36所示。

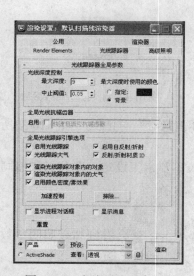

图10-35　光线跟踪器参数

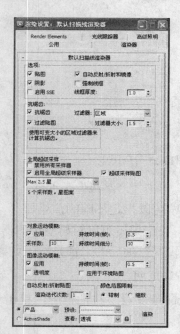

图10-36　渲染器参数

各参数意义如下：

（1）选项：可以设置在渲染输出时，是否有如下效果：贴图、阴影、自动反射/折射和镜像、强制线框、启用SSE。其中前三项是默认输出的。

（2）抗锯齿：可以设置是否要抗锯齿，是否要过滤贴图及过滤器的形状。

（3）全局超级采样：可以设置是否禁用所有采样器，是否启用全局超级采样器及是否采用超级采样贴图。

（4）对象运动模糊：可以设置是否为场景中的所有对象加入动态模糊效果，还可以设置动态模糊的维持时间，维持时间细分及采样数。

（5）自动反射/折射贴图：可以设置渲染迭代次数，初始值为1，其值越大，则渲染品质越高，但渲染时间越长。

10.2.2　mental ray渲染器

在3ds Max 6以前的版本中，由于只具有单一的扫描线渲染器，渲染图像的效果不尽如人意，使得3ds Max与Maya、Softimage等大型三维软件相比都无法抗衡。以前，mental ray渲染器是一个单独的插件，可以说，这个渲染器渲染出来的作品效果无与伦比，后来被集成到了3ds Max 6软件当中，使3ds Max向高端软件迈出了决定性的一步。

单击菜单栏中的"渲染→渲染"命令，弹出"渲染设置"对话框，单击"产品级"后面的…按钮，弹出"选择渲染器"对话框，选择"mental ray渲染器"，然后单击"确定"按钮，这时"渲染设置"对话框如图10-37所示。

单击"渲染器"选项卡，就会看到mental ray渲染器参数，如图10-38所示。

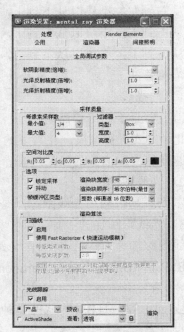

图10-37 指定mental ray渲染器   图10-38 mental ray渲染器参数

下面讲解一下mental ray渲染器常用参数的意义：

· 采样质量

（1）每像素采样数

"最小值"和"最大值"用来设置每像素上最小和最大的采样值，在进行场景渲染的时候，如果想得到较好的品质，就要修改这两项，它们决定了物体的抗锯齿效果。但要注意，值越大效果越好，耗时也越长。

（2）过滤器

"过滤器"组参数决定采样时像素的组成形式，单击"类型"下拉按钮，就可以看到过滤器类型，主要有Box、Gauss、Triangle、Mitchell和Lanczos，其中默认为Box，但是效果最差，越往下质量越好。

（3）对比度

用来设置采样的对比度，"空间"主要用于单帧图像，"时间"主要用于运动模糊。这两个参数的值由RGB来控制，当增加RGB值时将会降低采样值，会使渲染质量降低，但是可以加快渲染速度。

（4）选项

可以设置是否锁定采样，是否抖动，还可以进一步设置渲染块宽度，其值越小，渲染时图像更新得越多，图像质量就越高，而图像更新所需要耗费的CPU资源就越多。也可以设置渲染块顺序，用来选择小块的排列方式，如果使用占位符号（Placeholder）或分布式渲染，只需设置为默认值即可。共有以下几种方式供选择：

①希尔伯特（最佳）：默认选项，下一小块将是引起最少数据传送的一块。

②螺旋：小块从图像中心开始，螺旋状向外排列。

③从左到右：小块以从下到上，从左到右的顺序按列渲染。

④从右到左：小块以从下到上，从右到左的顺序按列渲染。

⑤从上到下：小块以从上到下，从右到左的顺序按行渲染。

⑥从下到上：小块以从下到上，从右到左的顺序按行渲染。

・渲染算法

（1）扫描线

可以设置是否启用扫描线，是否使用快速运动模糊规则。如果使用快速运动模糊规则，将使用此种方式进行渲染，在其下的"每像素采样数"下拉列表框中可以选择数值，数值越大渲染速度越慢，渲染的效果越好。

（2）光线跟踪

可以设置是否启用光线跟踪，是否使用自动体积。

（3）光线跟踪加速

光线跟踪加速方式共有3种，分别如下：

①BSP：即Binary Space Partitioning（二进制空间划分），是默认方式，在单处理器系统上是最快的。

②Large BSP：是BSP方式的变种，与BSP的参数设置相同，适用于应用了光线跟踪的大型场景的渲染。

③Grid：在多处理器系统上较BSP方式更快，且占用更少的内存。

"大小"用于设置BSP树叶的最大面（三角形）数。增大此值将减少内存使用量，增加渲染时间。默认值为10。

"深度"用于设置BSP树的最大层数。增大此值将缩短渲染时间，但会增加内存使用量和预处理时间。默认值为40。

（4）跟踪深度

"最大跟踪深度"默认值为6，控制光线反射和折射的次数，值为1时光线反/折射1次，值为2时反/折射两次，依次类推。

10.2.3　mental ray渲染下的卧室效果

（1）单击快速访问工具栏中的"打开文件"按钮 ，打开"利用摄像机查看卧室效果"文件，如图10-39所示。

（2）单击菜单栏中的"渲染→渲染"命令，弹出"渲染设置"对话框，如图10-40所示。

（3）单击"产品级"后面的 按钮，弹出"选择渲染器"对话框，如图10-41所示，在该对话框中选择"mental ray渲染器"。

（4）单击"确定"按钮，然后单击"渲染器"选项卡，设置"每像素采样数"的最小值为1，最大值为4，再设置"最大跟踪深度"为4，如图10-42所示。

（5）设置好后渲染器参数后，单击 渲染 按钮，就可以看到mental ray渲染下的卧室效果，如图10-43所示。

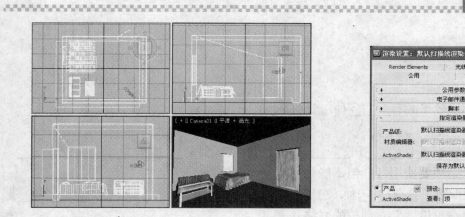

图10-39　打开文件

图10-40　"渲染设置"对话框

图10-41　"选择渲染器"对话框

图10-42　渲染器参数设置

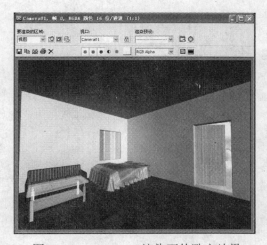

图10-43　mental ray渲染下的卧室效果

本课习题

填空题

（1）大气环境效果共有_____种，分别是_____、_____、_____、
_____。

（2）雾可以分为_____和_____，它们的区别是_____。

（3）体积光必须要使用灯，但不能是_____。

（4）大气虚拟物工具有_____种，分别是_____、_____、_____。

（5）打开"渲染设置"对话框的方法是_____。

简答题

（1）简述如何添加大气环境效果，以添加标准雾为例。

（2）简述3ds Max在渲染输出时，如何改变图像的输出大小？

附录A

习 题 答 案

第1课

填空题

（1）8　标题栏　菜单栏　工具栏　视图区　命令面板　视图控制区　信息提示区　动画控制区

（2）从上向下看到的物体的效果　X轴和Y轴　Z轴

（3）选择并移动　单击该按钮，可以选择对象并进行移动，移动方向取决于定义的轴向，如果在顶视图，可以在X和Y轴方向移动对象

（4）选择并链接

简答题

（1）略　　（2）略

第2课

填空题

（1）9　标准基本体　扩展基本体　面片　NURBS曲面　AEC扩展　动力学对象　楼梯　门　窗

（2）根据样条线边界形成的Bezier表面　面片建模有很多优点，它不但直观，而且可以参数化地调整网格的密度

（3）3　球体　几何球体　茶壶

上机操作

（1）略　　（2）略

第3课

填空题

（1）植物　栏杆　墙

（2）AEC扩展

（3）L型楼梯　直线楼梯　U型楼梯　螺旋楼梯

简答题

（1）略   （2）略

第4课

填空题

（1）一种重要的建模方式，先利用二维图形创建基本造型，然后将二维图形转化为三维图形，这样生成的三维图形，易于调整修改

（2）二维建模基本图形 NURBS曲线 扩展二维建模图形

（3）3 点 线段 样条线

（4）4 挤出 倒角 倒角剖面 车削（旋转）

（5）5 墙矩形 通道 角度 T形 宽法兰

简答题

（1）先把两个二维物体变成一个复合对象，然后才能进行并集、交集、叉集运算。

（2）选择要挤出的二维图形，单击"修改"按钮，进入"修改"命令面板，再单击下拉按钮，选择"挤出"选项，然后设置挤出数量即可。

上机操作

（1）提示：利用三维建模工具创建模型，然后利用二维图形来制作框架细节。

（2）提示：路灯支柱可用三维建模工具创建，具体灯罩可以利用二维图形的旋转创建。

第5课

填空题

（1）由两个或两个以上的二维图形结合而成的，放样至少需要一个二维图形作为路径，一个二维图形作为截面 将一个一个截面沿路径串连起来形成三维图形

（2）5 缩放 扭曲 倾斜 倒角 拟合

（3）4 并集 交集 差集（A-B） 差集（B-A）

（4）尽量把物体多分段，这样布尔运算后，物体不易发生变形。还要注意，如果一个物体同时与多个物体进行布尔运算，要先把多个物体变成一个复合物体，然后进行布尔运算，总之进行一次布尔运算

（5）节点 整体

简答题

（1）选择放样物体，单击"修改"按钮，进入"修改"命令面板，单击"Loft"前面的"+"号，然后选择图形，这样就可以对截面进行修改了。主要作用是修改截面与截面过渡发生的变形。

（2）选择放样物体，单击"修改"按钮，进入"修改"命令面板，单击"Loft"前面的"+"号，然后选择路径，在路径修改状态下，可以以点、线段、样条线三种方式中的任意一种方式来修改路径。

（3）弯曲、锥化、扭曲、晶格、网格。

上机操作

（1）略　　（2）略

第6课

填空题

（1）4　材质样本球窗口　材质样本球工具列　材质样本球工具行　标准材质参数控制区

（2）贴图通道　12

（3）8　各向异性　Blinn（布林尼）　金属、多层　Oren-Nayar_Blinn（类金属布林尼）Phong（平滑）　Strauss（司创斯）　半透明明暗器

（4）用来优化渲染效果的

（5）用来设置当物体发生运动并碰撞时，物体的材质发生的变化

（6）环境贴图

简答题

（1）选择物体，按下键盘上的"M"键，选择一个样本球，调整参数，然后单击"将材质赋给选择对象"按钮，再单击"在视口中显示贴图"按钮。

（2）设置材质的着色模式，线框：如果选中该项，三维物体只显示线框，并且线框的粗细可以通过扩展参数来调整。双面：为了节省计算机的计算时间，通常只显示对象的外表面，如果选中该项，则会显示对象的全部，面贴图：选择该项后，材质不是赋给造型对象的整体，而是赋给造型的每个面。面状：选择该项后，整个材质显示出小块拼合的效果。

上机操作

（1）略　　（2）略

第7课

填空题

（1）由多个基本材质组成的，如双面材质或特殊类别的材质

（2）双面材质　混合材质　顶/底材质　建筑材质

（3）可以用多个标准材质为同一个对象的不同部分赋材质，但在使用之前要为对象的不同部分指定材质的识别码

（4）两个标准材质，一个正面材质，一个背面材质。利用双面材质可以给一个对象的正面与背面赋不同的材质

简答题

建筑材质是从3ds Max 6.0版本加入的，其实是Lightscape软件中用到的材质类型，当然在3ds max主要应用在高级光照渲染中，可以直接定义现实生活中的材质，如水、石材、纸等，还可以进一步设置它的物理特性、特殊效果、高级照明覆盖参数。

上机操作

提示：利用多维/子对象材质给橱柜赋材质，有木材材质、铝材质、玻璃材质。

第8课

填空题

（1）3　标准灯　光度学灯　环境光源

（2）2　目标摄像机　自由摄像机

（3）可以向四面八方均匀照射，它的照射范围可以任意调整，并且可以使物体产生投影效果

（4）8　目标聚光灯　目标平行光　泛光灯　区域泛光灯　自由聚光灯　自由平行光　天光　区域聚光灯

（5）3　目标灯光　自由灯光　mr Sky门户

简答题

（1）标准灯是一种虚拟灯光，光的照射效果与空间的大小、模型的复杂程度关系不大。而光度学灯又称高级光照，是一种模拟真实光照的灯光，通过光能传递照亮空间。

（2）环境光源用来照射整个场景，为系统所默认。环境光源散布在空间环境中，因此无法在模型中看到此种光源。

（3）摄像机主要用来调整场景的视角和透视关系，在效果图或动画制作中，最终的效果都是在摄像机视图中表现的。3ds Max中的摄像机功能相当强大，可以设置变焦、广角镜头、景深、曝光强度等。

上机操作

提示：重点练习标准灯光中的泛光灯与目标聚光灯，还要注意衰减及区域大小的设置。

第9课

填空题

（1）轨迹动画　摄像机动画　关键帧动画

（2）正向运动动画　反向运动动画

（3）指由大量的固体颗粒与液体小颗粒构成场景环境三维动画，从而形成烟雾蒙蒙的效果，常用于模拟自然界的雨、风、雪等效果。

（4）"运动"命令面板

简答题

（1）摄像机动画也是一种比较重要的动画，就是场景中的对象并不发生变化，而是改变摄像机的目标点或摄像点位置或移动摄像机，从而产生的动画效果。它的本质是关键帧动画。

（2）单击动画控制工具栏中的"自动关键点"按钮，拖动时间滑块到指定帧，然后调整对象的位置或形状，再拖动时间滑块到指定帧，再调整对象的位置或形状。

上机操作

略

第10课

填空题

（1）4　雾　体积雾　体积光　火效果。

（2）标准雾　分层雾　标准雾与分层雾只能产生雾蒙蒙的效果或直线渐变式的雾蒙蒙的效果

（3）泛光灯

（4）3　长方体虚拟物　球体虚拟物　圆柱体虚拟物

（5）单击菜单栏中的"渲染→渲染"命令，或按键盘上的"F10"键

简答题

（1）略　　　（2）略

反侵权盗版声明

电子工业出版社依法对本作品享有专有出版权。任何未经权利人书面许可，复制、销售或通过信息网络传播本作品的行为；歪曲、篡改、剽窃本作品的行为，均违反《中华人民共和国著作权法》，其行为人应承担相应的民事责任和行政责任，构成犯罪的，将被依法追究刑事责任。

为了维护市场秩序，保护权利人的合法权益，我社将依法查处和打击侵权盗版的单位和个人。欢迎社会各界人士积极举报侵权盗版行为，本社将奖励举报有功人员，并保证举报人的信息不被泄露。

举报电话：（010）88254396；（010）88258888
传　　真：（010）88254397
E-mail：dbqq@phei.com.cn
通信地址：北京市万寿路173信箱
　　　　　电子工业出版社总编办公室
邮　　编：100036

欢迎与我们联系

为了方便与我们联系，我们已开通了网站（www.medias.com.cn）。您可以在本网站上了解我们的新书介绍，并可通过读者留言簿直接与我们沟通，欢迎您向我们提出您的想法和建议。也可以通过电话与我们联系：

电话号码：（010）68252397。
邮件地址：webmaster@medias.com.cn